中間土場の役割と機能

遠藤日雄／酒井秀夫／長谷川尚史
速水 亨／田中 忠／小林耕二郎
岐阜県森林組合連合会 共著

林業改良普及双書 No.180

まえがき

各地域での集約化、伐出効率化の成果もあり、いま素材生産量が拡大するなかで、造材・仕分けから流通・販売手法、物流・ロジスティック技術がにわかに注目されてきました。1事業体の各現場から、さらには地域の各地の現場から材が出る中で、A材、B材等それぞれに向く流通・販売を工夫すれば、もっともっと山側の収益を上げることができるのでは、という発想です。その文字通りのポイントが中間土場の存在です。

中間土場をうまく設置することで、山土場からの材の集積・仕分けを効率良く行ったり、流通コストを抑えたりという効果が知られるなか、中間土場の機能に注目が集まってきたのです。造材・仕分け機能はもちろん、ストック機能、配給、在庫調整機能から、さらには中間土場の管理組織整備による価格交渉機能、与信機能、情報共有機能にまで期待が寄せられています。

本書は、中間土場の機能と役割を掘り下げ、実際の設置・稼働事例から中間土場の設置デザイン、管理手法を整理して紹介したものです。

解説編1では、中間土場の機能と役割の現状、将来像、さらには地域サプライチェーン構築

解説編2

目次

の中での中間土場の存在意義について、遠藤日雄教授（鹿児島大学）と酒井秀夫教授（東京大学）に対談していただきました。

解説編2では、実証的なデータ取得・分析という大変手間もかかる中間土場の原木仕分け費を分析し、原木流通費の低減効果の調査に着手した長谷川尚史准教授（京都大学）・兵庫県立農林水産技術総合センター森林林業技術センターに、研究成果について執筆いただきました。

事例編では、早くから中間土場に着目し、事業に導入され、効果を上げてきている林業会社、森林組合等の取り組みについて、それぞれの担当責任者に執筆いただきました。

中間土場は、林業の物流革命のみならず、商流と一体となってサプライチェーン構築を後押しする大いなる可能性をもっています。それぞれの林業地域、事業体、関係者の知恵と努力がさらなる中間土場の可能性を広げていくための参考資料として本書を役立てていただけると幸いです。

取りまとめに当たりましては、都道府県林業普及担当部局、関係機関にご協力をいただきました。本当にありがとうございました。

平成27年1月　**全国林業改良普及協会**

事例編

解説編 1

対談　遠藤日雄×酒井秀夫

「中間土場」とは何か
—その機能と役割を探る

近年、大型製材工場や合板工場、集成材工場、さらには木質バイオマス発電など、川下の国産材需要を巡る環境が大きく変化してきています。一方、それに対応すべく川上でもサプライチェーン構築における「中間土場」に対する林業界の関心が高まってきています。

そこで『丸太価格の暴落はなぜ起こるか 原因とメカニズム、その対策』の著者でもある遠藤日雄・鹿児島大学教授と、『林業生産技術ゼミナール　伐出・路網からサプライチェーンまで』の著者である酒井秀夫・東京大学大学院教授に、対談を通じて、中間土場とは何かについて語っていただきました。

遠藤 日雄
えんどう・くさお

森林総合研究所・林業経営／政策研究領域チーム長を経て、現在、鹿児島大学教授。

主な著書に『スギの行くべき道』（全林協）、『山を豊かにする木材の売り方　全国実践編』（編著・全林協）、『丸太価格の暴落はなぜ起こるか 原因とメカニズム、その対策』（全林協）など多数

酒井 秀夫
さかい・ひでお

東京大学大学院教授。主な著書に『作業道 理論と環境保全機能』（全林協）、『作業道ゼミナール 基本技術とプロの技』（全林協）、『林業生産技術ゼミナール 伐出・路網からサプライチェーンまで』（全林協）など多数

中間土場とは—発展経緯

B材拡大基調から生まれた「中間土場」

—編集部　なぜ今、中間土場に注目するのでしょうか。

遠藤　「中間土場」という流通の一部を担う拠点が出てきたのは、2004～2006（平成16～18）年に林野庁の国産材新流通・加工システムという政策があり、その後2006～2010（平成18～22）年度と新生産システムにつながっていくのですが、私はあの頃から「中間土場」という考え方の素地が出てきたのではないかと考えています。

国産材新流通・加工システムは、B材を合板メーカーや集成材メーカーに安定的に供給するにはどうしたら良いのかというモデルを作ることが目的だったと思います。

A材の場合は旧来型の原木市売市場に出荷して、月2回程度の市にかけて一番高く落札した人が買っていくという既存流通がありましたが、B材の場合は単価が低いだけに、わざわざ原木市売市場に持って行くよりも、直にメーカーの土場に出したほうが良いということで進められました。

例えば岐阜県の事例では、新流通・加工システムの頃から、B材を林ベニヤの舞鶴工場や七尾工場に直送で出す場合に、途中に仕分け機能をもった土場を設けたらどうかという発想が生まれたといいます。その過程で「中間土場」という発想が出てきて、それが次の新生産システムのモデル事業の中で具体化されながら形成されていったと考えています。

表1をご覧ください。２００８（平成20）年と２０１３（平成25）年の農林水産省の『木材統計』から20〜25年の間に全国の都道府県で素材の生産がどれだけ増えたのか、あるいは減ったのかを数字で示したものです。

表１の「素材増産主導型」の合板主導型に注目してください。岩手、秋田、宮城には、セイホクグループを中心とした有力な合板メーカーが太平洋側、日本海側にありますから、合板主導型として素材の生産増が顕著に数字に表れています。同様に富山、石川、岐阜は林ベニヤを中心に、さらに兵庫、鳥取、島根、高知は日新グループを中心とした合板用の生産増です。

さらに大分も13万７０００㎥増えているのですが、もともと、日田を中心とした国産材製材が非常に盛んな地域だったのですが、製材用が６万４０００㎥、合板用が６万㎥と、ほぼ拮抗された形で増産されています。もちろん数字の上でみれば製材主導型と言えますが、こうした

表１　都道府県別用途素材生産量の推移（単位：千㎥）

区分	平成20年→25年の素材生産量増減				素材増産主導型
	計	製材用	合板用	木材チップ用	
全国	1,937	948	879	110	製材主導型
北海道	▲178	▲65	13	▲126	
青森	190	110	87	▲7	製材主導型
岩手	58	50	115	▲107	合板主導型
宮城	▲120	▲27	▲12	▲81	
秋田	278	168	243	▲27	合板主導型
山形	5	▲5	11	▲1	合板主導型
福島	▲13	17	▲52	22	
茨城	87	75	2	10	製材主導型
栃木	65	61	9	▲5	製材主導型
群馬	39	21	1	17	製材主導型
埼玉	▲10	0	1	▲11	
千葉	▲21	▲13	▲1	▲7	
東京	96	7	77	12	合板主導型
神奈川	6	4	▲1	3	製材主導型
新潟	▲4	▲6	▲1	3	
富山	10	4	8	▲14	合板主導型
石川	2	▲11	9	4	合板主導型
福井	▲2	▲6	▲7	11	
山梨	67	3	18	46	木材チップ主導型
長野	59	8	3	48	木材チップ主導型
岐阜	69	▲11	55	25	合板主導型
静岡	▲3	1	▲8	4	木材チップ主導型
愛知	25	9	0	16	木材チップ主導型
三重	▲40	▲36	2	▲6	
滋賀	30	5	6	19	木材チップ主導型
京都	81	14	▲1	68	木材チップ主導型
大阪	▲9	1	0	▲10	
兵庫	48	5	29	14	合板主導型
奈良	▲6	▲17	2	9	
和歌山	2	▲7	1	8	木材チップ主導型
鳥取	103	11	90	2	合板主導型
島根	39	6	29	4	合板主導型
岡山	26	19	1	6	製材主導型
広島	39	58	7	▲28	製材主導型
山口	58	48	23	▲13	製材主導型
徳島	88	36	12	40	製材主導型
香川	22	8	0	▲8	製材・チップ主導型
愛媛	▲17	7	▲6	16	
高知	77	▲9	46	40	合板主導型
福岡	▲18	▲26	▲9	17	
佐賀	▲10	19	▲17	▲12	
長崎	▲9	▲4	1	▲6	
熊本	113	69	26	18	製材主導型
大分	137	64	60	13	製材主導型
宮崎	322	314	3	5	製材主導型
鹿児島	193	68	29	96	木材チップ主導型
沖縄	4	1	—	3	木材チップ主導型

資料：農林水産省『木材統計』

傾向は全国的に見られます。

ですから、合板主導、言い換えればB材主導型で２０００（平成12）年代に入って丸太の生産量が増加し始めたのではないのかなと思います。

しかも特徴的なのは、これが北海道（道産カラマツ）から京都へとか、青森（青森スギ）から島根へとか、あるいは大分（大分スギ）から島根へというように、スギやカラマツのB材サプライチェーンはかなり広域化していることです。従来のトレーラーやトラック輸送以外に、今まで見られなかった海を使った輸送手段が用いられ、B材を中心にして流通そのものが広域化している。

その中で、私は「中間土場」というものが、従来のような原木市売市場に出して、競って買ってもらうのではなくて、自分達がB材で実利に持っていくための一つの新たな形態であると思います。

一方で、ここ２~３年の動きを見ていると木質バイオマス発電用のバイオマス材、いわゆるD材の動きも注目です。これは来年２０１５（平成27）年以降、本格的に稼働するわけですが、今、全国各地で盛んにD材を集荷していますね。その現場でも「中間土場」を設定して在庫を準備している。

このようにB材あるいはD材と言ったところを中心にした形で「中間土場」という概念が生

まれてきたような感じがしています。

それからもう一つ大事なことは、１９８０（昭和55）年頃から林野庁が地域林業政策を打ち出しました。国産材製材の産地化運動なのですが、当時、川下の需要がなかなか見極められず、川上から川下へという流れは基本的には90年代に挫折したと私は捉えています。それが２０００年代に入って、国産材の製材が目に見える形で規模拡大していくわけです。

それに並行して、合板メーカーが従来の北洋材から国産のスギやヒノキやカラマツに大々的に原料転換をしていくわけですね。集成材もしかりです。

それで最近の動きを見ていると、これまでの川上から川下ではなくて、むしろ川下が川上に直接働きかけてくるような消費主導型の国産材利用になってきています。

ですから川上からしてみれば、今まで見えなかった川下の需要というものが、「実需」という形で目の前に現れ始めているわけです。それは佐賀の中国木材しかり、岐阜の森の合板しかり、そういった形で里山に入ってくるわけです。さらに言えば軽トラ林業だとか、木の駅だとか、川上から見れば、見える形で需要というものが感じられる時代になっています。しかも16cm上で長さが４mで矢高が何％以内だったら工場着値で１万〇〇円で買い取りますという実需が出てきたときに、川上は、自分達はどういう山を伐採して、どういう造材をして、どこに在庫をストックすれば採算ベースに合うのかということが、川上の森林組合や林研グループだとか、そういった方々の中に、頭で計算できる素地ができてきたわけですね。

その際に、直送したほうが良いのか、A・B材混みで合板工場に持って行ったら良いのか。いや、そうではなくて材のカスケード利用という枠組みを守り、山元還元という形で森林所有者にフィードバックさせるために、山土場からもう一つ集積する「中間土場」を作って、そこでA〜D材を緻密に仕分けをして、実利につなげていこうと考えるようになる。

私はこのような時代の変化の中で、中間土場という新しい概念ができてきたような感じを抱いています。

市売機能と中間土場の関係

遠藤　一方で、例えば愛媛県の久万地域で直材（柱取り用丸太）は市売が中心ですから、森林所有者はいつも原木市売市場の相場を気にしながら、今4mが良いとか3mが良いとか、非常に相場に敏感です。そういう従来型の形態と、今我々が話している中間土場との整合性はどうやってつけていけば良いと酒井先生はお考えですか。

酒井　材価が良くて、少しでも売り上げを上げていくということであれば、久万地域のやり方が良いのかもしれません。ただ、多くのところでは、材価が上がると、皆が敏感に反応して市場に材が溢れて材価が下がってしまうということの繰り返しではないでしょうか。

　少し発想を変えて、計画生産していけば良いと思います。ＧＩＳに入れた情報があるところでは、ＧＩＳを活用した計画生産に持って行けると思いますので、そういうようにしたほうが値段も安定すると思います。

遠藤　市売を縮小した事例として佐賀県の伊万里木材市場があります。もともとは原木市売問屋で原木も製材品も扱って月２回の市を開いて買方さんを呼んで競って売っていた。でも、それではいつまでたっても材価が上がる見込みがない。そこで市売を縮小していって、現在では「システム販売」という形態をとっている。つまり森林所有者から立木を買って、再造林をして返しながら原木を売っていくというものです。一種の協定取引というか、単価を決めながら売っていく。その伊万里木材市場が大分県に中間土場を作り、さらに鹿児島県曽於市に、比較的大きな選別機能を持った土場を設け、デリバリー機能も持たせ、さらには大径材は根元のバチも取って、できるだけ製材工場が扱いやすいような原木販売の形にした。そこでは市売はない。特定の顧客がいて、年間○○㎥欲しいと。さらにそこを拠点にしながら、「薩摩ファインウッド」という大東建託向けのスギ２×４部材（スタッド）の製材を手掛けていこうと今準備を進めているわけです。新しい動きというものは確実に出てきていますね。

中間土場に期待される機能

中間土場の価格交渉力

酒井　これからは林道端や山土場、中間土場に、木材を欲しい人がそこに買いに来るという形があって良いと思います。それを自家用車で取りに来るのか、県森連等のようなところがデリバリーするのか。あるいは川上川下共同出資した会社がそれを配送して回るのかという、そういうソフト面での工夫がこれからは大事になるかと思います。

従来の原木市売市場の機能がこれからも続くかどうか。これまでのように何でもかんでも市場に持って行って、競り上げるのではなくて競り下げられるのでは、川上の林業意欲がなくなっていくばかりです。

ならば川上としては、いかにして欲しいところにリーズナブルな値段で売っていくか。これが商売の基本だと思いますので、そうした売り方につなげていくべきでしょう。

表２　中間土場に期待される機能

１．造材・仕分け機能	５．与信機能
２．配給機能	６．情報共有機能
３．ストック機能	７．在庫調整機能
４．価格交渉機能	

遠藤　原木市売市場経由だと流通コストがかかるからという論議もありますが、むしろ、市売という仕組みが制度疲労を起こしてしまって、酒井先生がご指摘のとおり、競っても上がらないですよね。極端にいうと買方の談合みたいな形で買い叩かれている現状の中で、中間土場でＡ～Ｄ材をきちんと仕分けして、デリバリーも含め、例えば柱取り３ｍが何㎥欲しいという実需があれば、そこにきちんと納材するほうが価格交渉ができるわけです。誤解を恐れずにいえば、市売方式は、見直す時期に来ているのではないかと思います。

与信機能が欲しい

酒井　一方で原木市売市場の機能として、出品した人の代金回収リスクがないという大切な機能があります。そうすると、例えば林道端ですとか、山土場、中間土場で売る場合の売るリスクを背負ってくれる第三者機関を設けて、買った人から代金を回収して確実に支払うという金融リスクをなくす仕組みをつくれば、何も遠くの市場まで持って行かなくても良いのではないかと思います。

遠藤　それは非常に大事ですね。今まで原木市売市場が担っていた与信管理、与信機能を今後は独立した第三者機関なのか、あるいは川上・川下双方から出すのか、いろいろな形はあるかと思いますが、金融面、つまり「物流と商流」の「商流」のところをどう担保していくのか、これは非常に大事なところです。

酒井　建築業界でも、昔は家を建てる際に途中で一回精算して、完成して残りを精算していました。建てる方も建ててもらう方もお互いリスクを背負っていましたが、今は、工程ごとに精算して、そこまでコスト管理ができています。

遠藤　国産材丸太の輸出の話ですが、南九州の南那珂森林組合、都城森林組合、曽於地区森林組合の3森林組合で連携してかなり輸出実績を伸ばしています。3組合では出資金を出して基金を作っているんです。仮に南那珂森林組合が出した材が、たまたま円高になって赤字になったとします。それは南那珂森林組合の責任だから自分達で赤字を補填すべきというのでは連携が長続きしません。3組合で連携してサプライチェーンを作っていくのであれば、それぞれが出資金を出して基金を作って、赤字が発生した場合はそこから供出して補填するという考え方です。

これは海外輸出の事例ですが、内需の場合も考え方としては同じです。酒井先生がご指摘のように新しいサプライチェーンを作って行くのに対して、与信管理機能をどうしていくのかということはとても大事ですよね。

中間土場を誰が管理するのか

酒井　一方で、中間土場を誰が管理するのかという問題があります。先ほど遠藤先生がおっしゃったように川上川下で共同管理をするのが良いかと思います。やはり大事なのは、川上の生産計画、川下はこれだけ欲しいんだと。絶対生産量は守ってくださいと。それから為替レートが変わっても買い入れはこれぐらいを維持してくださいと。それくらいの協議の場は必要です。

遠藤　これまでは川上サイドも不満があったと思います。例えば製材工場や集成材工場、合板工場が何月何日までにこれだけの量を土場に出してくれと要求してきますが、その一方で消費税増税の反動減で合板需要はどうなのか、製材工場では、柱とか土台とかの売れ行きはどうなのかという情報が川上サイドにほとんど伝わってこない。とにかく納入時期と何㎥という量と値段だけだから、山側としては何かいつも振り回されっぱなし、フラストレーションが溜まっているのが実情です。

そうなると、中間土場を共同で管理していこうということになり、お互い情報を共有できる可能性も見えてくる。

例えば川下サイドが10万㎥計画が増えた場合は川上サイドに増産可能ですかと、在庫状況や森林経営計画の状況など知ることができる。逆に、川下サイドが、今回は消費税増税の駆け込み需要で価格が上がりました。その前は暴落がありました。そういう見通しなり、予測というものを川上サイドにも情報としてきちんと提供していくことができる。

そういう意味では、中間土場を共同で対等の立場で管理運営していこうという発想は必要です。

酒井　そのときに、金融の与信もそうなのですが、何かそういう情報を集めてコントロールする「計画センター」のようなものがあって、来月は大量の需要が発生してたくさん伐らなければいけないけれども、どこか増産できるところがあるのかどうかを、組合員に情報を流して応援を頼むとか、そういう仕組みも必要だと思います。

あるいは合板工場から急にストップがかかるような事態に陥らないように、ある程度の見通しを立てて、急な計画変更をしないという仕組みが大事だと思います。

遠藤　そういう意味では中間土場の管理というのは大切です。管理組織を誰がどう作って、与信管理機能をどう形成していくのかを川上と川下、つまり需要と供給の中で協議していくという場は絶対必要です。

行政がいくら材のカスケード利用というルールを設定しても、やはり材は値段が高いところに流れてしまいます。今話題の木質バイオマス発電は補助金で成立しているようなもので、現在１t当たり６０００～７０００円が相場です。tと㎥の換算係数は業者によってまちまちですが、仮にtを１㎥に換算しても㎥当たり７０００円。これは合板用材の価格に近いですよね。実際、合板業界も戦々恐々としてしまいます。

そこの枠組みをお互い公明正大にやっていきましょうというのは理想ですが、やはりどうしても高いほうに材は流れます。そうなると森林経営の持続可能性も失われてくる。やはり中間土場が、単に流通の１拠点という存在ではなくて、森林管理なり、あるいは材のカスケード利用というルールをどう守っていくのかということを担うべきではないかと思いますし、それこそが中間土場設置の意義ではないかと思います。

そこが従来の原木市売市場との違いです。原木市売の場合は、プレイヤーは買方さんと出荷者だけで、しかも競っても価格が上がらない、むしろどんどん趨勢的に木材価格が下がっていってしまう。そうではなくて、やはり丸太価格をきちんと上げて、フェアトレードみたいなものも含めて、森林所有者に、当初は少し安いかもしれないけれども、立木代金を徐々に上げていくような仕組みが必要です。

これまでの地域林業や流域管理システムは、テーブルに地域の素材業者や製材業者、森林所有者が集まっては議論だけで終わっていた感がありました。ところがこれからの中間土場というのは、自分達が出した材を誰がどう管理していくのか、机上の議論ではなくて、生産現場なり流通現場の中で、当事者同士がそれを最適化するシステムはどうあるべきかということを、実際の生産現場の中で議論していけるわけです。そういう意味では、流域管理システムや地域林業政策よりはずっと進化した形での、本当に双方にとってのビジネスチャンスが出てきています。

中間土場の在庫調整力

遠藤　ここで物流面での課題についてこんな事例があります。

大分県北西部の四つの森林組合と三つの民間原木市売市場が共同で日新林業に合板用のB材

を船で出しているのですが、いくつか問題が出てきています。それは受け入れ側の日新林業の合板工場が、今までは外材でしたから輸入して水面貯木をしてクレーンで上げてロータリーレースにかけていたわけです。ですから水面貯木場はあるのですが、国産材に切り替えた場合、それを在庫する陸上の土場が極端に少ない。一方で材を出す側も、一つの森林組合で２０００～３０００ｔの船を使って出すのは量的に難しいですよね。こうした物流のシステム構築の中で、在庫機能として中間土場の果たす役割は大きいと思います。

酒井　やはり中間土場にある計画センターのようなところが、どこで何㎥伐っていると、その情報が全部集まってきて、この土場に何週間分かストックしておいてほしいとか、そういう調整を担うべきです。そういうストックヤードを作っておいて、伐採計画量の急激な変化が生じないようにして調整していくということはある程度できます。さらに地域全体の年間計画についても作っていくことが可能になります。

計画センターを通じて、例えば地域の林業事業体からは「今年は人員の手がない」というような情報を集めることができますし、そのような情報を集約して業界間を透明化していくことにより、川上・川下がお互いに信頼関係を作ることができます。

川上・川下が疑心暗鬼で腹の中の探り合いをやっていると絶対にチャレンジできないです。

中間土場に合板用として間伐現場から搬出されたスギ材（北信州森林組合）

みんなさらけ出してみせれば良いわけですよね。

遠藤　合板メーカーも今では70～80％近くが国産材に切り替えています。これからまた外材に戻ることは、北洋材の現況から考えて難しいでしょう。そうなるとやはり国産材を利用していかざるを得ないわけです。

岐阜県の森の合板工場や岩手県に新設された北上プライウッドを見ても、合板工場は臨海型から内陸型に移ってきており、資源立地型の中でどうしても国産材を使っていかざるを得ない状況になっています。そんな状況の中で、川上・川下が、お互い腹の内を探っていますが、やはり基本的な情報は共有していかないと双方が打開できません。

「国産材は出ないじゃないか。だから頼りにならないんだ」といつも山側だけが責められますけれども、そうではなくて、頼りになれるような情報を川下からもきちんと共有できるように出して、「ここまでは対応できるが、それ以上はインフラ整備などいろいろ必要なわけですから、需要が増えたからすぐに出せと言われても無理だ」ということをきちんと交渉しなければならない。

これは木材に限らず石油にしたって鉱石にしたって、開発・供給には皆タイムラグがあるわけですから同じです。そういうことから情報を共有化していこうというのは決定的に大事ですよね。

求められるバイオマス材の回収システム

酒井　これからはいわゆるＤ材、バイオマス材流通における中間土場の役割が大きいと考えています。例えば中間土場で売れ残った材や、トラクタなどで全木集材してプロセッサで造材した時に発生するバイオマス材を考えると今までの土場の概念が変わると思うのです。

今までは土場で単にきれいに椪積みしておけば良かったわけですが、バイオマス材の場合は、チッパを置いてチッピングする場所、そのチップを置いておく場所が必要になってくる。チップに関して言えば、私はリサイクルのゴミや古紙回収と同様に、この土場にはこれだけチップが集まっていて、それをチップ車が回収して回るシステムが構築されるべきだと考えています。

原木も同様ですが、煎じ詰めていくとトラック回収業というものがシステムとして組み込まれて、それが安定供給に結びついていくわけです。例えば地域全体で○○tの残材が出るから○tトレーラーを何セットか持って、毎日地域を巡回するという、リサイクル回収になっていくと思います。

従来は一つの森林組合がチップ車を外注して単発的に回収してもらっていたものが、そうではなくて常に地域内をチップ車が回収していくというシステムです。さらにそのトラックに丸太も載せられるのであれば、合板用丸太とチップをセットにトラックを回しても良いわけです。

まだ一番コストがかかっていて、下げ代《しろ》が大きいのは輸送であり、これからはそのトラック代をいかに下げるかがポイントになってくる。年々燃料も高騰していて、かなり事業体経営を圧迫していく話になると思います。トラックの巡回コースの中に、いかに中間土場なり、ストックヤードを配置するかということです。これは一つの森林組合レベルでできる話ではなくて、県レベルで共同でやらないと産業として成り立っていかないと思います。

遠藤　１９８０（昭和55）年代の後半頃から宮崎県の耳川流域あたりで、林研グループなどが自ら間伐をして、林道端まで出しておいたものを森林組合のトラックが回収して共販所に持って行く、あるいは自社の製材工場に持って行くというようなビジネスモデルがありました。今のお話では、もっと面的にも広いし規模も大きくて、建築用材だけではなくて、Ａ材Ｂ材Ｃ材、あるいはＤ材のバイオマス材も含めた流通拠点であるということですよね。そこが当時とは違っていますね。

酒井　バイオマス材は輸送コストだけなんです。チッピングコストは決まっていますし、輸送コストをいかに下げるか。下げられないと集荷圏も広がらないですから。バイオマス材で回収システムを作って、そこからＣ材やＢ材に広げていくという話になっていくと思います。

遠藤　その場合の中間土場での出材がカギになりますね。例えば３ｍで伐るのか、４ｍで伐るのか。そういうのは情報の共有の中でやっていくわけですね。

酒井　おっしゃるとおりです。さらには材を出す人の才覚にも関わってきます。その場合にもいろいろ情報を提供してあげないといけませんね。

　何でもかんでも３ｍに採材というのは、それはそれで効率化できるのだけれども、それですと森林所有者、あるいは自伐林家にとって伐採へのインセンティブがわかないですね。

「木の駅」が与えてくれるもの

遠藤　やや話がそれますが、今各地で注目を浴びている「木の駅」の取り組みについて、中間土場の話と絡めるとどのように評価されますか。

酒井　「木の駅」は、各プロジェクトでさまざまなやり方があると思いますが、土場に軽トラでバイオマス材を持ってきて、その対価を地域通貨でもらうというのが一般的ですよね。

考えてみれば軽トラで土場に運ばなくても、地元の空き地に材に名前を書いて積んでおいて、回収業者がグラップルで材を積むときに重量を量ることができれば、軽トラを動かす必要もないわけです。ただ「木の駅」で一番大事なのは、所有者さん自らが自分の山の材を余暇を使って出して手入れしていることです。人を雇わない分、自分の収入になっていると。ならば軽トラのガソリン代を共同負担する仕組みなどを考えれば、さらに収入が増えると思います。

もっと進化していけば、自家労働でもう少し踏み込んだ間伐をして、伐倒しておけば後は森林組合が来て、ウインチで出して、その道端でお金を精算するというやり方への発展もあると思います。

例えば所有者が伐倒して、そこに森林組合のチッパとグラップルが来てそこでチップにして、何ｔのチップができたからいくら払いますという方法もあるでしょう。さまざまなやり方があるので、各地域にあった方法を採用すれば良いと思います。

それから薪にする方法もあると思います。今後日本人は薪をもっと使うようにすべきだと思います。里山資本主義ではないのですが、お湯を沸かすのに海外の産油国にお金を払うのではなくて、お湯を沸かすぐらいは自分のところの裏山の薪を使う、あるいは地域で薪を共有するというやり方があると思うのです。

中間土場を活用する技術

中間土場の物流を商流一体で管理するIT

酒井　中間土場がどうあるべきか、私なりに改めて整理してみたいと思います。

中間土場の機能を整理すると、川上として小規模分散している山林を集約して材を集めてくると。そこで仕分けをするし、造材もするしストック機能もある。場合によってはそこで公売にかけて、川下から輸送業者が来て持って行く。物流に林業が組み込まれるということです。

製造メーカーですと、原料を調達して工場で作って販売ということです。量販店でしたら、多様な仕入れ先から商品を仕入れて支店に配送する。結局、大手の量販店で生き残っているのは、流通革命を起こしたところであると言えます。ようやく林業もそうした業界の仲間に入ってきたのかなと期待しています。

そこでもう少し整理してみると、川上というのは、川下から見たときに原価が不透明なわけです。結局、森林所有者が泣いていたという構図になっていた。よく指摘されるように、いろいろ経費を引いていって、森林所有者に残らなかったということですが、その経費とは何なんだろうと突き詰めてみると、燃料代や機械の減価償却もあるのだろうけれども、一番大きいのは労務費なんですね。森林組合や林業事業体が労務費を引いてくるわけです。かかった労務費が正当なのかどうかは森林所有者が検証できない。極端な場合、古い機械で下手な作業員が緩くやっていても森林所有者が負うわけです。

だからもう少し林業を突き詰めるのであれば、適切なシステムで、誰がやっても同じような結果が出て、コスト計算ができて、森林所有者に返せれば良いのですが、現状は川上の原価が不透明なわけです。

それから川下も、原木を受け入れてから製品になるまで、外から見るとブラックボックスな訳です。お互いよくわからないブラックボックスがある。こんな状態で川上・川下が一緒にそっぽ向きながら歩いていたって、これは産業として地盤沈下してしまうでしょう。

ところがここで中間土場というインターフェイスができて手を組むことで、それが外から見て透明になった時、新しい林業・木材産業の時代が生まれるのではないかと考えています。

私は中間土場が物流の基本であるとすれば、ＩＴが不可欠だと思います。コンビニでは既にＩＴが相当進んでいますよね。このＩＴのメリットというのは、お互いの物の流れ、お金の流れ、情報の流れが全部把握できるわけで、把握できるということは、透明になるわけです。

中間土場が、川上と川下の相互の触媒となって、今までの濁っていた水が澄んでくれば良いなと。そのためにはとにかく情報がクリアでないといけない。クリアにするのがＩＴだと思っています。

さらに、中間土場に多種多様な物が出てきても良いと思います。ＩＴにはその複雑系を処理できるメリットがあります。多様化した消費者と多様な製品を結びつける機能を担うのも中間土場だと思うし、それからＢ材としてまとめるのも、Ｄ材としてまとめるのも中間土場だし、さまざまな機能が担えると考えています。

遠藤　需要と供給の出会いの場というような感じですよね。それが従来のような原木市場ではなくて、目に見える実需と、目に見える供給者が相対峙しながらその地域の林業をどう底上げしていこうかという、いわば出会い系サイトではないですが、ソフトの面ではそうですよね。その中でＩＴをどう位置づけていくのかということですね。

中間土場システムの設計とは

――編集部　中間土場というのは誰がどのように設計して管理をしていけば良いのでしょうか。

酒井　今まで話したとおり川上と川下ですね。地域の材木を誰が買っているのか。誰が納めているのか。さらに輸送の観点から高速道路やメインの国道からの距離。それと周辺の森林。こうした関係性から二つに分離させるのか、一つの大きなものにするか。最初の旗振り役としては行政、あるいは協同組合などのような組織がリードしてはと思います。

一方で、需要先となる工場の生産能力から逆算して、土場の広さ、大きさ、規模というものがわかるわけですから、それに向けて今度は逆に、川上でどういう生産体制を作るかという話になっていくと思います。

遠藤　それからどの程度の範囲になるのかということも重要です。需要先の工場が何万㎥消費すると明らかになった場合、原木の集荷圏というのは自ずと決まってきます。商業ベースで見た場合に、どの地点に中間土場を設定するのがサプライチェーン視点でうまく機能していくかということですから。

県なのか、あるいは市町村なのかというよりも、需要がどれだけあるのかという点が大事で、需要が10万㎥なら10万㎥という供給ができるような範囲というものが重要です。ただ単に線引きではなくて、コストの問題が出てきます。その際、山側がそれなりの立木代金というものをそれなりに確保できることが重要です。リーズナブルな立木代金というものを想定すると一定の範囲というものが決まってくるわけですから。

岩手県のノースジャパン素材流通協同組合なんかもそうです。北洋プライウッドとか、幾つかの大規模合板工場があって、そこでの消費量というものは決まっていますから、そうなると自ずと大体この辺ぐらいになるというものが見えてきます。

ところで酒井先生はそのノースジャパンについては、中間土場という視点からどのように考えておられますか。

酒井　ノースジャパンには先ほど申した「計画センター」としての機能があると捉えています。つまり、ノースジャパンが零細な素材生産業者を束ねて、彼らを背負って合板工場と価格交渉を担っている。年間５０００㎥とか1万㎥に満たない素材生産業者と、10万㎥を使う工場とは全然力関係が違いますのでこの役割は大きい。さらに素材生産業者は直送で材を納め、伝票はノースジャパンに来て、合板工場から入金がされたらノースジャパンが素材生産業者に代金を支払うという与信機能も担っていると思います。

また素材生産業者が組合員として入ってくればくるほど、計画に柔軟性も出てくるし、組合員間での得意不得意で棲み分けもできてくると思います。ノースジャパンの中には輸送業者も入ってきたということで、これは勝手な推測ですが、輸送業者のノウハウを使った輸送システムができる可能性も出てきます。

ノースジャパンはもともと岩手県ですが、青森県からも材を受け入れています。その場合の輸送費のハンディはノースジャパンが持つということをやっています。欲を言えばそこからさらにITを使って情報流通の効率化・透明化が図られ、それから計画性を持たせて、「最適化」に持って行けるようになればと思います。

まず、流通の森があったと思うんですね。林業では「山」という原料と、「工場」という消費先がある。流通が複雑で見えなかったものをITでクリアにして、産業としての体をなしていくことが必要なのかなと思います。

遠藤　そもそもノースジャパンの場合は、国有林地帯ですから、国生協とか素生協とか、それなりに丸太の供給力を潜在的に持っていたところが、合板向けの供給組織として再編していったわけですね。当初は、岩手県素材流通協同組合だったのが、青森、秋田、宮城、山形からも会員が増えてきて、岩手県では括れなくなってサプライチェーンがより広域化していったと考えています。東北の国有林地帯では原木市売市場が発達していなかったという面もあると思います。

一方、西日本の場合は原木市売市場が発達しています。先ほどお話した伊万里木材市場もそうですね。従来の市売部門がどんどん縮小していきながら、システム販売、デリバリーも含めた定価販売といったものを広げながら取り扱いそのものを増やしていく。さらに大分県に中間土場を作り、鹿児島県に市売りではない、デリバリーも含めた土場を作っていくと。そうした幾つかのビジネスモデルというものができはじめたと見ることができます。

中間土場が後押しする地域サプライチェーンの創出

サプライチェーンのタイプ事例

遠藤　サプライチェーンというのは、今後、幾つかタイプが出てくるのではないかと思います。例えば王子製紙は宮崎県日南市に製紙工場を持っているのですが、それを引き上げて混焼でバイオマス発電をやるということです。そこの計画書を見ると、自社のサプライチェーンなんです。王子木材緑化を中心にして、A森林組合とB森林組合とC森林組合とタイアップして、バイオマス材のD材を集めようというものです。

さらに将来図を見ると、ヨーロッパ型の総合林産企業みたいなものを描いている。当初はバイオマス発電からスタートして、やがては製材もやるし合板もやるし、ことによってはOSBもやるかもしれない。そうなると、自社の裁量で丸太を採材し仕分けするわけです。中国木材のように社有林を持って自社独自のサプライチェーンを構築する流れがある一方で、今ここで課題としている小規模分散型の森林所有形態の中では、森林組合も管轄区域だけでやっている。素材生産業者も窓口がない中で孤立分散的にやっているという実状の中で、ロジスティックスというものをどう組み立てていったら良いのか。そうした場合の新たな広がりはどうなのか。それからIT構築の糸口が見えてくる。

先日、日本通運のロジスティックス担当の方とお話したのですが、北海道から島根にカラマツを船輸送しているのに関わっているというのです。彼らもロジスティックスのノウハウを持っているわけですから、ただ単に流通の一端を担うのではなくて、その中に入ってきて、情報を共有化しながらやっていくということが求められていくと思います。

林業の世界は今まで、㎥当たりの金額に材積を掛けたものを値段としてきました。一方で、セメントや鉄などはたくさん買えば安くなります。林業の世界にはそれがない。だからそういったことからの変革も必要ではないでしょうか。

そういう意味では、繰り返しになりますが、情報を共有化していって、どこまで腹を割って話せるかが欠かせない。とはいっても言うが易く行うのは難しで前に進みませんね。

酒井　サプライチェーンという用語が浸透して、この地域を何とかしなければいけないという機運が出てくれば、いろいろ地域ごとの事例ができてくることを期待したいですね。

それはやっぱり人なんでしょう。行政から出ても良いし、森林組合から出ても良いし、なんとかやろうと。サプライチェーンって結局合理化なんです。一人で相撲を取っているのではなくて、皆がしっかり手を組むことで力が出てくるものなのだと思います。

サプライチェーンで価格交渉力アップ

遠藤　小規模分散型のサプライチェーンのモデルについては、地域のまとまりをどう考えるかということでタイプが出てくると思います。例えば岐阜県森連の取り組みはかなり広域なモデルの一つではないかと思います。西は岡山県の銘建工業、北は林ベニヤの石川県七尾工場、南は和歌山県の田辺、東は長野県と広域にネットワークを組んでいる。ところが、本家本元の岐阜県の素材生産量は増えていないのになぜ広域に木材を出せるんですかと聞いたら、例えば林ベニヤ七尾工場の場合は、ご当地の石川県森連に頼んで出すということなんですね。

しかし広域ネットワーク化形成の中で、情報の共有化をしながら縦横無尽に対応できているかというと、まだそこまでできていないのです。

それより狭いモデルとしては、先ほど紹介した大分県の北西部の4組合と3原木市場で、日新林業に6万5000㎥ぐらい出している事例があります。そういうサプライチェーンもあるし、これも先ほど紹介した南九州の3森林組合の中国へのB材C材の丸太輸出。あれも一つのサプライチェーンだと思います。

それから住友林業フォレストサービスとか、王子ホールディングスや中国木材のように、消費者が独自のサプライチェーンを作っていくというような幾つかのタイプに整理できると思います。

こういう機運の盛り上がりの中で、北海道森連や青森県森連、岐阜県森連、宮崎県森連のように、従来の硬直的な系統共販事業ではなくて、独自のサプライチェーンを作って、山から窓口を一本化して価格交渉権も掌握したいという意識は出てきています。

宮崎県森連の場合も30数万㎥での取り扱いでも価格交渉権がない状態です。市売を見直して、定価販売なり、デリバリーを含めた協定販売を展開しながら、そういったものへ変換していくことが必要です。

それからかつては、森林組合というのはビジネスとかそういう類の話をすると、それは協同組合である森林組合としてはおかしいんじゃないのという声がかなり多かったけれども、今はそうではなくて、儲かるから、いかにして儲けていったら良いのかというような、そういう意識改革ってある程度できつつあります。

コーディネートを担う人材

酒井　あとは「人」を作らなければいけませんね。サプライチェーンの管理を担える人。行政なり、森林組合なり、工場でも良いですが、地域のリーダーシップを取れる人が中心に動いていくのだと思います。やはりキーパーソンがいて、それから人を育てるわけです。コンサルの人でも良いですが、いろいろな人を巻き込んで育てていく。これまで林業はなかなか人を巻き込んでいくということがないですから。

遠藤　行政の役割といえば、先ほどの大分県の北西部の事例でも日田にある大分県西部振興局が果たした役割は非常に大きいですし、秋田県の合板用B材丸太供給を見ていても価格交渉に至るまで定期的に需給調整会議を開催し、行政が支援していました。

このように行政支援によってある程度素地ができれば、県は引き下がって当事者同士で量も価格も全部決めてもらう。そこに至るまでの行政の指導というのはやはり大きいですよね。

ですから県の職員が中間土場というものに非常に興味を持っているというのであれば、県がどこまで介在して、サプライチェーンの素地を形成するのかということに興味がありますね。ただ単にコストがこれだけ安くなったということだけではなくて、そういう意味でも注目されているのではないでしょうか。

私も以前、九州の准フォレスター研修の講師を2年ほどやった経験がありますが、彼らのほとんどが県庁の職員か国有林の森林管理署の職員です。彼らはマーケティングはできませんよと言うんですね。確かにそうなのですが、中間土場みたいな管理組織の中に、行政の立場でどういう形で参画していけるのかということになると、また局面は違ってきますよね。

行政は商売には不向きだよねということで退くのではなくて、管理組織なり、与信管理機能というものを地域でどう定着させていくのかということになると、行政の立場から十分に参画できる素地が出てきます。

酒井　コーディネーターですね。商売の能力がなくても人を集めて、組織化させれば良いわけです。

対談を終えて

今まで行政は商売のことをしなくても良かったということですが、やはり、売り方売り先を知った上で、どういう林業をデザインするかということは求められます。それは勉強しなければいけないですね。

ただ、フォレスターはスーパーマンじゃないという言い方もありますが、チームで対処するならばコーディネーターとしてそれなりに人を束ねる力がないといけない。

日本人というのはコーディネートが本来は得意です。坂本龍馬は典型的なコーディネーターなんですけれどもね。

遠藤　今、坂本龍馬とおっしゃいましたが、薩摩の西郷隆盛にしたって、長州の高杉晋作にしたって、藩の公金を財源に革命を起こそうと考えたわけでしょう。ところが坂本龍馬は貿易をしながらその利益で革命を起こそうとした。そこが決定的に違いますよね。だから中間土場についても、補助金がどうのこうのではなくて、こういうビジネスの中で利益を出して、その利益をどう森林所有者なり、素材生産業者なり、製材に配分していくのかということが重要ですね。

ただ単に机上の議論じゃなくて、中間土場という生産流通の現場の中で、どうしていくのかという話だから、非常にビジュアルな中で議論できるわけです。だから課題もはっきりより鮮明化していくわけだし、自分達がそれぞれの立場で何を全うしていかなければいけないかという自覚も出てくる。

そういう意味では中間土場というものが、単なる流通の1拠点で材を集めてストック機能と仕分け機能だけではなくて、もっとソフトの面でも次のステップに広げられるような、そういう位置づけになるのではないのかなと期待しています。

酒井　まさに遠藤先生がおっしゃるビジュアル化です。自分達が持ってきた材が、事務所の2階の窓から見ているとみんなわかると。川下の情報も川上の情報も一発でわかると。そういうビジュアル化ですよね。

（出典・「現代林業」２０１４年11月号　まとめ／編集部）

解説編 2

中間土場の費用分析と原木流通費の低減効果

長谷川尚史
京都大学フィールド科学教育研究センター
森林生態系部門森林育成学分野准教授

兵庫県立農林水産技術総合センター
森林林業技術センター木材利用部

中間土場での原木仕分け費調査

中間土場での作業費と生産性

兵庫県では、原木の安定供給と持続可能な林業経営を目指して、県下の3流域（加古川・揖保川・円山川）ごとにそれぞれ１０００ha規模の流域経営モデルエリアを設定しています。このうち、円山川流域林業経営モデルエリア１５２３haでは、中間土場を設置した原木流通の効率化に取り組んでいます。

このたび、この中間土場設置の有効性に基づいた搬出間伐が順調に実施されるよう、地元の事業体の協力を得て中間土場での作業費と生産性についての調査を実施しましたので、その結果について報告します。

表１　経費計算で使用した主なパラメータ

項目	数値	備考
機械価格	1,340万円	グラップル基礎価格
耐用年数	5年	法定
年間稼働日数	200日	標準日数
人件費（日額）	15,200円	一般労務単価

時間観測により作業費と生産性を計算

調査対象の中間土場は、搬出間伐の現場から約８㎞の場所に設置されており、伐採された原木は７ｔトラックで運搬し、搬入されています。

この中間土場では、原木の直径を採寸する「寸検」、原木の長さを調整する「修正造材」、納入先別に仕分けを行う「仕分け」の３工程の作業が行われていましたので、調査はそれぞれの工程についてビデオ撮影を行った後、撮影したビデオを再生しながら時間観測により作業費（荷降ろし、積込み作業を除く）と生産性の計算を行いました（表１）。

調査により得られた作業費や生産性の目安

今回の事例の結果は、中間土場での作業費が１㎥当たり３８１円、１時間当たりの処理量は17・７㎥となりました（図１）。

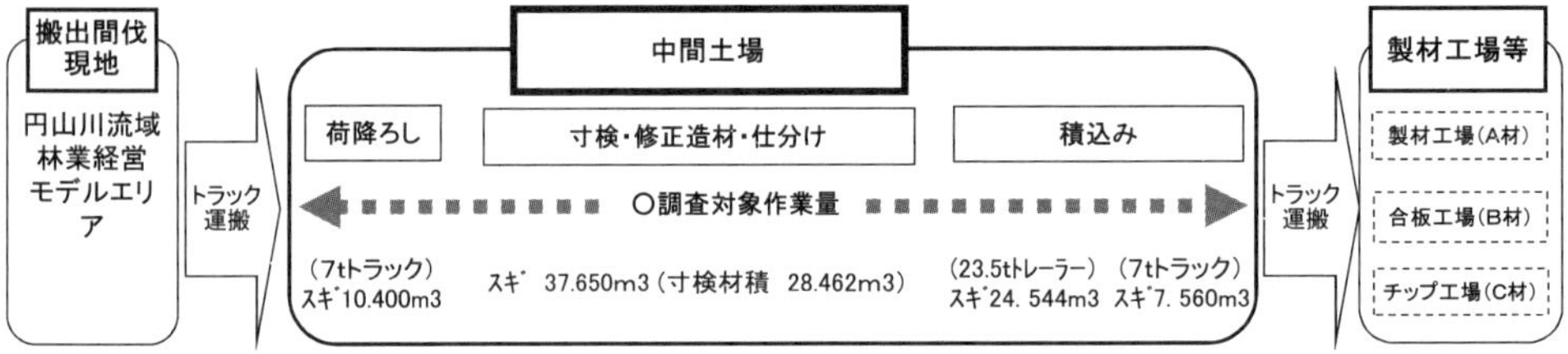

作業種	荷降ろし(7tトラック)	寸検	修正造材	仕分け	積込み(23.5t トレーラー)	積込み(7t トラック)	計
機械種	グラップル(0.45クラス)	人力	人力・チェーンソー	グラップル(0.45クラス)	グラップル(0.45クラス)	グラップル(0.45クラス)	
作業時間(h)	0.084	0.335	0.299	1.284	1.149	0.310	3.462
生産性(m3/h/人)	123.97	A 84.96	B 95.05	C 29.32	21.36	24.37	
作業コスト(円/m3)	76	① 30	② 30	③ 321	440	386	〔参考〕調査対象総コスト 1,284
寸検～仕分け生産性(m3/h/人)		17.73			1/(1/A＋1/B＋1/C)		
寸検～仕分けコスト(円/m3)		381			①＋②＋③		

(荷降ろし、積込み作業は別工程のため参考数値)

図1　原木仕分け費調査とりまとめ

作業にかかる費用や生産性は、中間土場の規模や立地条件、実施する事業体、また機械価格や稼働状況など、さまざまな要素により大きく変化します。

しかし、このたび一つの目安となるデータが得られたことにより、各事業体においては中間土場の設置の検討が行われ、施業の集約化や供給ロットの拡大に対する取り組みを進めることが期待されます。

原木流通における輸送車両の選択と中間土場設置による輸送費の低減効果

近年、海外に大きく遅れをとっていた素材生産作業の労働生産性の改善が図られ、路網作設が可能な林分では車両系林業機械の導入によって、素材生産費の低減が進んでいます。路網作設が難しい林分の扱いなど、素材生産作業の改善にはまだ多くの課題が残されていますが、一方で生産された原木の輸送費についても、同時に低減のための検討を進める必要があります。

従来、道路端に木寄せ、椪積みされた原木を原木市場や製材工場へ輸送する場合、最大積載量４～７ｔクラスのトラックを使用するのが一般的でしたが、出材される間伐材の増加に伴い、集落内など幅の狭い公道を通過しなければならないような場所を中心に、4t未満の小型トラックも用いられるようになっています。

逆に、輸送車両の大型化がもたらす輸送費の低減効果にも期待が寄せられており、集積・仕分け機能を有する中間土場や大型トレーラーの活用が検討されるようになりました。

ここでは、兵庫県の本州部を対象に、フォワーダとサイズの異なる4種類の輸送車両(2tトラック、4tトラック、15tトラック、24tトレーラー)を使用した場合の輸送費を試算して、輸送車両の選択が輸送費にどのような影響を与えるのか調査しました。

試算方法の概要

ここで試算する輸送費とは「道路端に椪積みされた材を工場まで輸送する際に発生する費用」を指し、施業地の形状や配置は具体的に設定していません。

試算にあたっては、日本全国で整備され、容易に入手できるGISデータ(道路地図:国土地理院の数値地図1/25000、森林資源:環境省の植生データ)を用いて、最大集材距離は300mと設定し、道路から300m以内に存在する林分から原木を搬出するものとしまし

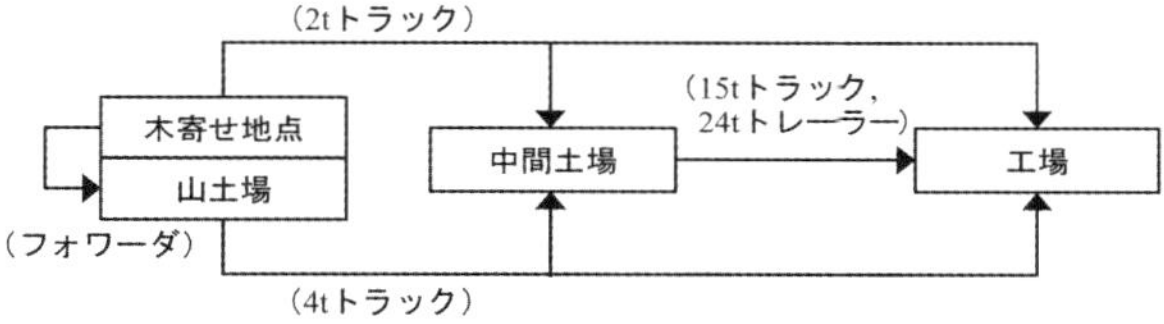

図２　輸送経路

表２　車両の通行可能性と幅員・輸送速度

	通行可能な幅員
フォワーダおよび２ｔトラック	1.5m以上
４ｔトラック	3.0m以上
15ｔトラックおよび24ｔトレーラー	5.5m以上

幅員（m）	走行可能な速度（km/h）
1.5〜3.0	10km/h
3.0以上	30km/h

た（図３の黒点〈黒い箇所〉）、材の出荷先は、宍粟市の協同組合兵庫木材センター（以下、木材センターという。図３の◯）とし、中間土場はストックポイントとしての稼働実績のある８カ所（図３の△）を、それぞれ想定し試算しました。

車両の通行可能性と幅員・輸送速度

　車両の通行可能性と幅員・輸送速度は、フォワーダおよび２ｔトラックは１・５ｍ以上、４ｔトラックは３・０ｍ以上、15ｔトラックおよび24ｔトレーラーは５・５ｍ以上のそれぞれの幅員の道路を走行し、また幅員１・５〜３・０ｍの区間は10km／h、幅員３・０ｍ以上の区間では30km／hの速度で走行すると仮定し、図２に

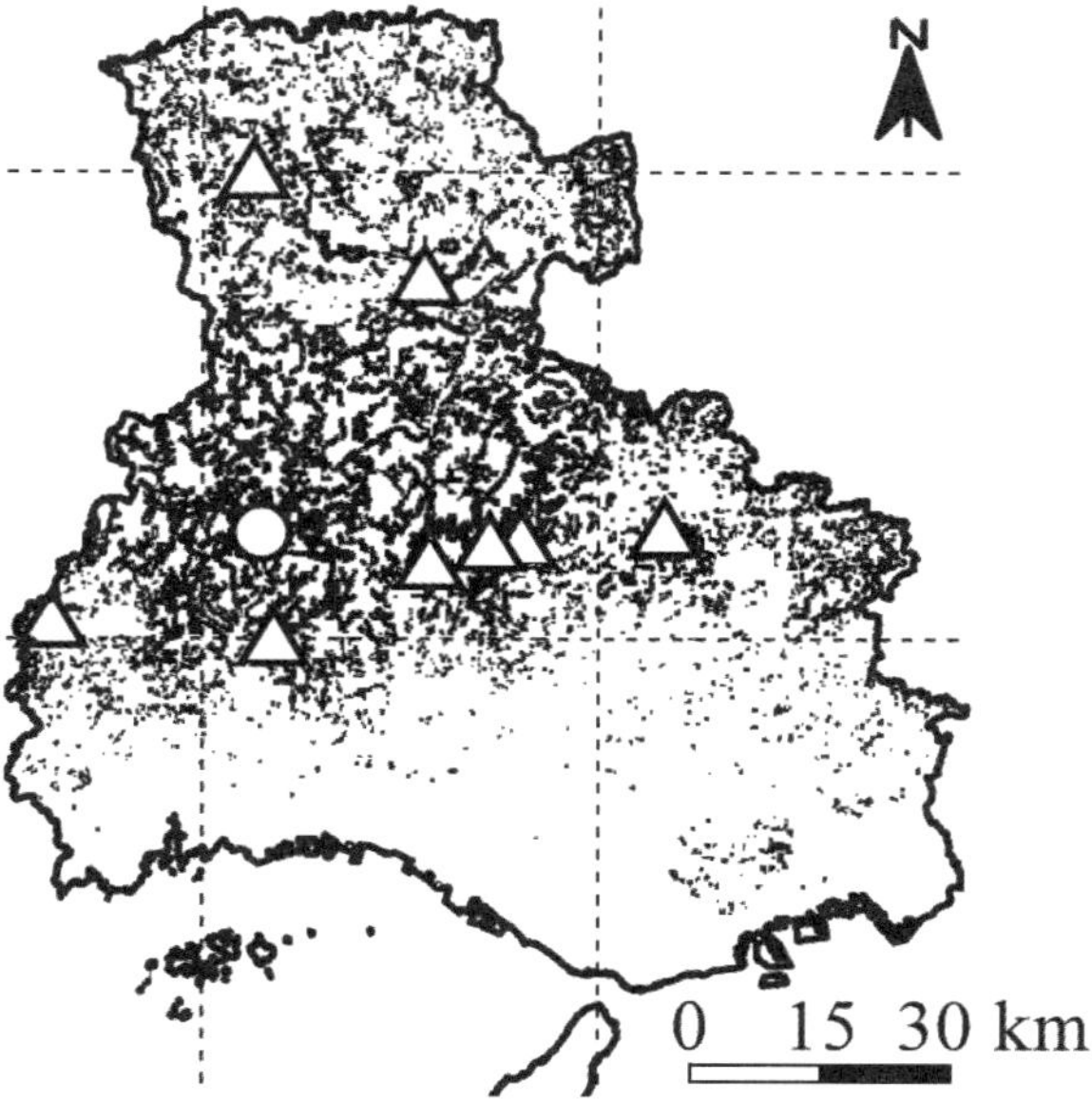

図３　対象地概要

示すそれぞれの輸送経路で試算しました。

輸送費の計算

輸送費の計算は、車両の減価償却費および人件費については車両の諸元表と木材輸送業者への聞き取り調査、荷積等の生産性は功程調査を行い、それぞれ単価を設定しました。

また輸送距離によって１日当たりの輸送回数が変わる輸送費は、輸送回数によって段階的に変化することが考えられます。そこで、１日に少なくとも１回

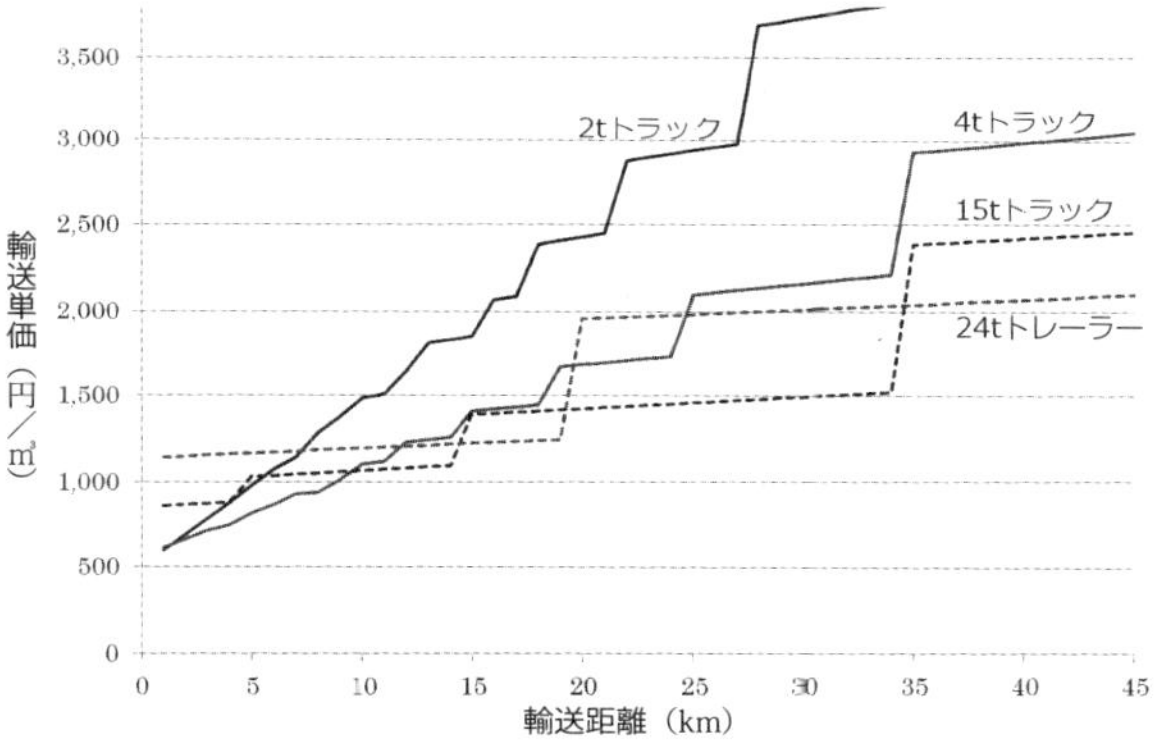

図４　輸送距離と輸送費の関係

の輸送を行い、かつその日のうちに輸送車両は出発点に必ず戻ってくるものと仮定し、荷積み時間等を考慮して、各車両の輸送回数と輸送費を算出しました。

結果と考察

各車両の輸送距離と輸送費

各車両の輸送距離と輸送費の関係は、図４のようになりました。

小型車両は近距離で有利ですが、距離が長くなるに従って輸送費が急激に増加するのに対し、大型車両ではこの傾きが小さくなっています。

これらの結果を、森林資源と立地との関係に適用してみます。

2tトラックまたは4tトラックの輸送費

まず、工場への輸送に利用可能な2tまたは4tトラックの輸送費について考えてみます。

1　森林資源に最も近い道路の幅員が3m未満の場合

・2tトラックで直接輸送

・幅員3m以上の場所までフォワーダで出材の後、4tトラックに積み替えて輸送

2　幅員が3m以上ある道路に面している林分の場合

・直接4tトラックで輸送

これらの選択肢のうち、最も輸送費の安くなる経路を示したのが、図5です。

2tトラックと4tトラックの平均輸送距離はそれぞれ、29・4km、53・8kmとなり、工場近辺を中心に2tトラックが選択されていることがわかります。

工場から遠い場所でも2tトラックが選択されていますが、これは長距離のフォワーダ輸送が必要となるような立地条件では、最初から2tトラックによる出材が有利な場合があることを示しています。

平均輸送費は2tトラックが選択された場所では3770円/㎥、4tトラックでは4680円/㎥、全体の平均輸送費は4400円/㎥となりました。

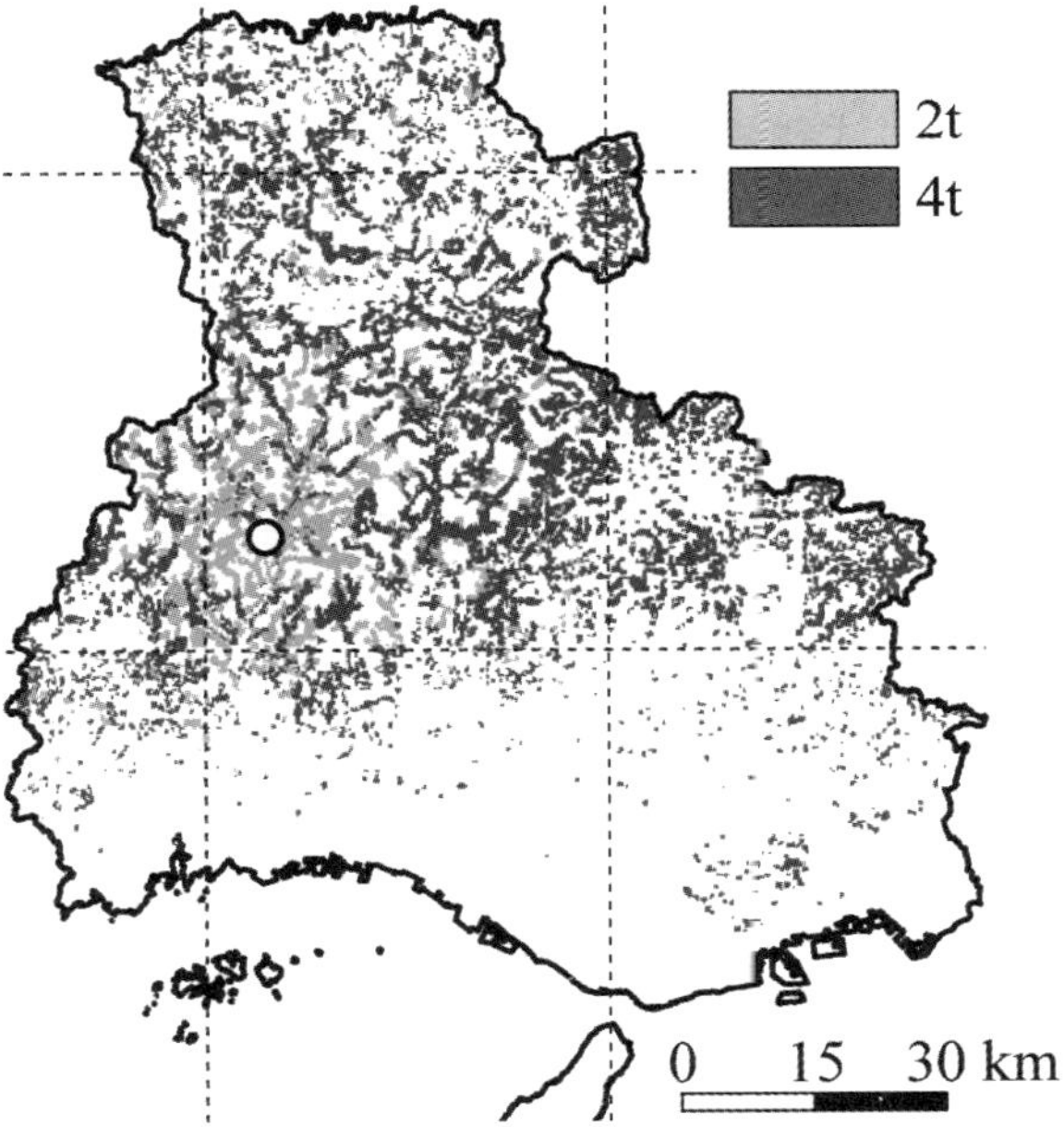

図５　輸送経路の分布地図

中間土場の活用

　では、中間土場を活用した場合はどうでしょう。

　２ｔトラックと４ｔトラックに加えて、中間土場での積み替えを考慮した15ｔトラックと24ｔトレーラーを選択肢に入れた場合に、最も安くなる経路を図６に示します。

　木材センターから遠距離に位置し、２ｔトラック、４ｔトラックを使用しても１日の輸送回数が１回に限られていた森林ではそのうちの51・６％が中間土場で大型車両に

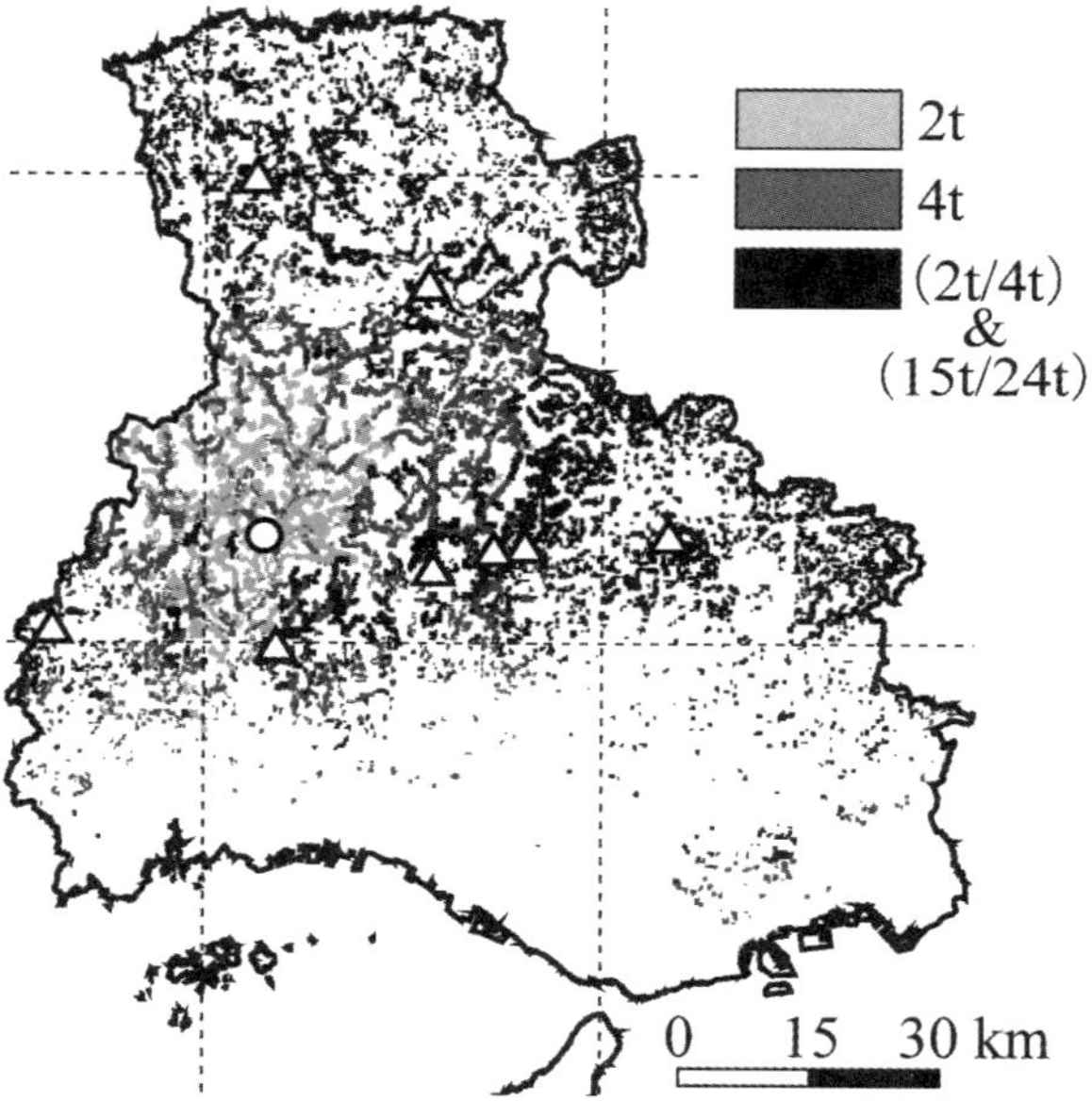

図６　輸送経路の分布地図（中間土場活用）

積み替えたほうが、残りの森林は、２ｔトラック、４ｔトラックで工場に直送したほうが効率的なことがわかりました。

平均輸送費は、中間土場を経由せず２ｔトラックによる直送の場合が２６１０円／㎥、４ｔトラックによる直送では２８８０円／㎥、２ｔトラックと中間土場の組み合わせの場合４３２０円／㎥、４ｔトラックと中間土場の組み合わせの場合では４４００円／㎥となります。

中間土場を活用した場合の全

表３　中間土場からの輸送形態

輸送形態	輸送コスト（円/㎥）	平均輸送距離（km）
2tトラックと4tトラックが選択可能な場合		
2tトラック、4tトラック	4,400	46.3
2tトラック	3,770	29.4
4tトラック	4,680	53.8
2tトラック、4tトラック、15tトラック、24tトレーラーを活用した場合（中間土場あり）		
2tトラック、4tトラック、15tトラック、24tトレーラー	3,590	64.5
2tトラック直送	2,610	19.3
4tトラック直送	2,880	35.7
2tトラック（15tトラック/24tトレーラー）	4,320	90.0
4tトラック（15tトラック/24tトレーラー）	4,400	111.4

体の平均輸送費は、３５９０円／㎥となり、２ｔトラックと４ｔトラックによる工場への直送のみの場合（４４００円／㎥）と比べて８１０円／㎥の低減が図られたことになります。

中間土場からの輸送形態

中間土場から工場までの輸送に使用される車両を細かく見ると、最も木材センターに近い中間土場だけが15ｔトラックによる１日２回の輸送が可能なため、15ｔトラックによる使用が、他の中間土場では長距離の輸送に有利な24ｔトレーラーを使用することが効率的なことがわかりました。

１回の荷積み・荷降ろし作業にかかる時間は15ｔトラックで１・７時間、24ｔトレーラーで

2・8時間と長く、1日の輸送回数が限定されてしまいます。こうした時間を短縮する仕組みがあれば、1日の輸送回数の増加が可能となり、さらなる輸送費削減につながるかもしれません。

まとめ—車両サイズと中間土場の有無が輸送費に影響

本調査により、原木の輸送に使用する車両サイズと中間土場の有無が、輸送費に大きな影響を与えることが明らかとなりました。

ただし、今回の試算では道路幅員と通行可能車両との関係に関するデータが不十分であったため、実際の現場で多く使用されている8tや11tクラスのトラックについては考慮できませんでした。また、中間土場の初期投資費用や管理・運営に関する費用についても評価できていません。

そこで以下では、特に中間土場の整備にかかる費用に焦点を当て、原木流通費の低減に中間土場の設置がどの程度有効なのか、具体的に木材センターが消費する原木を調達する際に中間土場を活用するものとして、検証してみます。

中間土場の配置と流通費の関係

試算方法の概要

評価する流通費

木材センターは２０１０（平成22）年12月から操業を開始し、年間原木取扱量12・６万㎥、製品生産量６・３万㎥の大型製材工場です（両値とも目標量）。

計画期間は5年とし、木材センターで消費される5年分の原木（63万㎥）が調達されるものとします。

評価する流通費は、林内路網の道端まで木寄せ・造材された状態にある原木を道端から木材センターに輸送する際に発生する輸送費と、中間土場を開設、運用する際に発生する固定費の合計としました。ただし単純化のため、計画における集荷範囲は、淡路島を除く兵庫県本州部

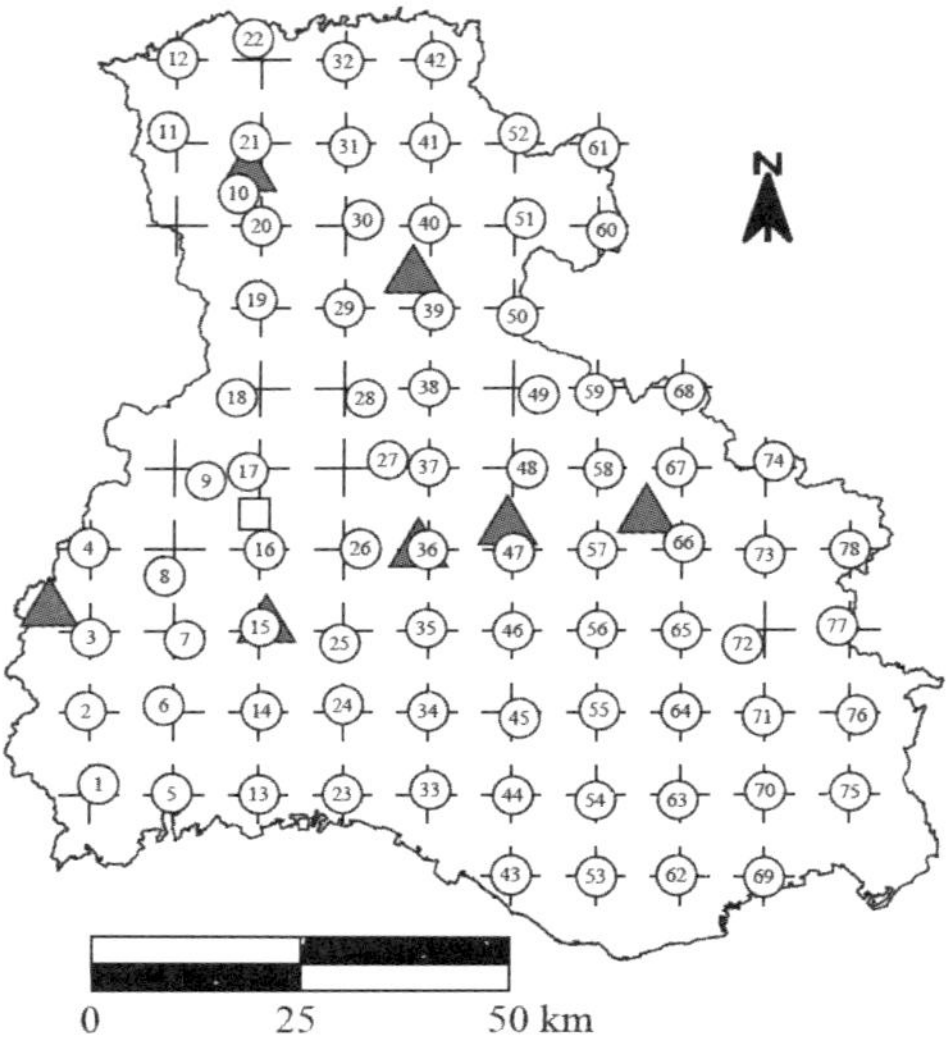

図７　解析対象地

に限定しています。

中間土場の候補地

中間土場の候補地は、県内全域を10㎞メッシュに分割し、各メッシュの中心から最短距離にある、24ｔトレーラーの通行可能な道路（幅員5.5ｍ以上）上の78地点としました（図７）。

原木の搬出を行う施業林分は、環境省生物多様性センター・自然環境情報ＧＩＳのスギ・ヒノキ人工林を100ｍメッシュに分割したデータを基に、道路から３００ｍ以内に存在する林分から向こう5年間に出材される量が63万㎥に達するまでランダムに抽出を続けて決定するという方法をとりました。各林分からの出材量は、間伐施業を想定して一律に50㎥／haとし、計1万２６００haから材が集まることを仮定しました。

輸送車両

輸送車両は、施業林分から木材センターへ輸送する場合および森林から中間土場へ輸送する場合はフォワーダ、２ｔトラック、４ｔトラックを、中間土場から木材センターへ輸送する場合は15ｔトラック、24ｔトレーラーをそれぞれ用いるものとします。

輸送単価は前述と同じに設定しました。

中間土場の固定費は土地の購入費または借地料、管理・運営する人員に対する人件費などから構成されるものとし、２００４（平成16）年の台風被害の際に設置されたストックポイントでの費用を参考に、一地点当たり５００万円から５０００万円まで５００万円刻みの10段階の値としました。

これらの条件で固定費ごとに１００回ずつのシミュレーションを繰り返し、それぞれランダ

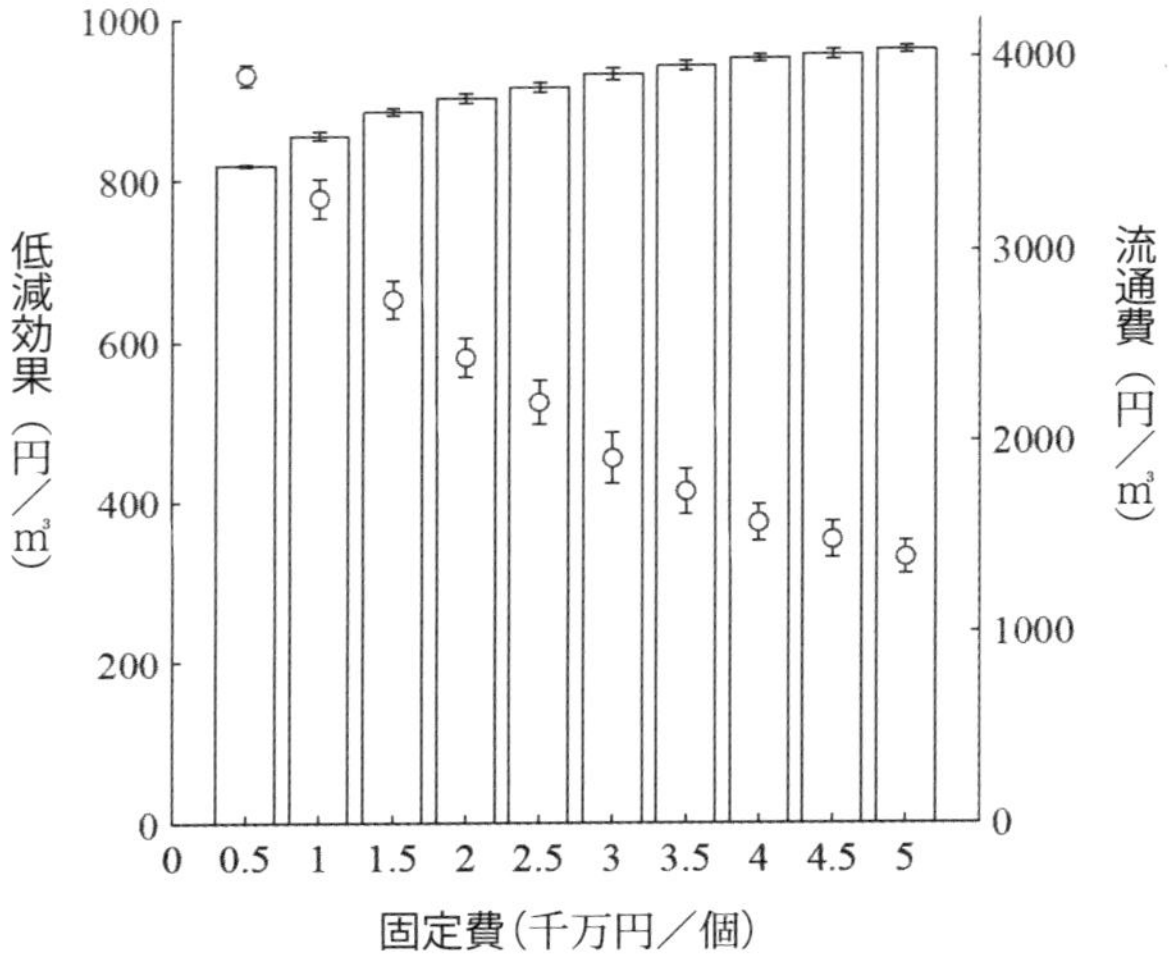

図8　各固定費における平均流通費と低減効果（バーは標準偏差）

ムに抽出する施業林分に応じてどの場所の中間土場が候補地となるのかを数理計画モデルを用いて決定しました。

結果と考察

中間土場設置にかかる固定費ごとの流通費と低減効果

　図８は中間土場設置にかかる固定費ごとの流通費（棒）と低減効果（白丸）を示したものです。なお、中間土場を配置しない場合の流通費は４３６８円／㎥でした。

　図からわかるように、どの固定費に対しても、流通費の低減効果が認められま

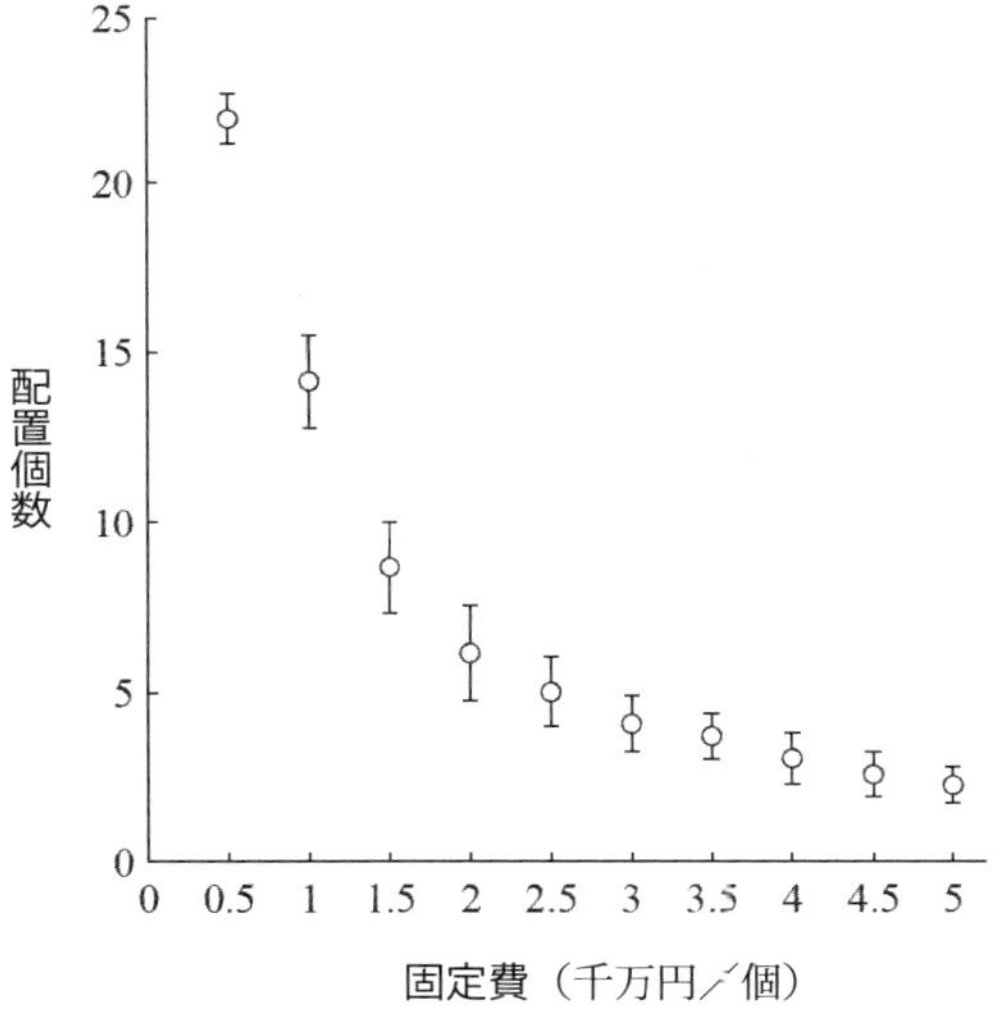

図９　各固定費における中間土場の平均配置個数

した。

　ただし固定費が高いほど低減効果が減少し、固定費が低く抑えられる中間土場候補地を選定することが重要であると考えられます。

　中間土場の平均配置個数は、固定費が５００万円の時に21・９個と最大となり、２０００万円の時に６・１個、４０００万円の時に３・１個と、固定費が高くなるにつれて減少します（図９）。

　固定費が高い場合、それに見合う流通費の低減効果を有する候補地が少なくなることを示していますが、固定費が５０００万円の時にもすべてのシミュレーションで2個以上の中間土場の配置が推奨され、決して0個となることはありませんでした。

図10は中間土場の配置頻度を地図上に示したものです。色が濃い地点ほど、中間土場の候補地となる頻度が高いことを示しています。

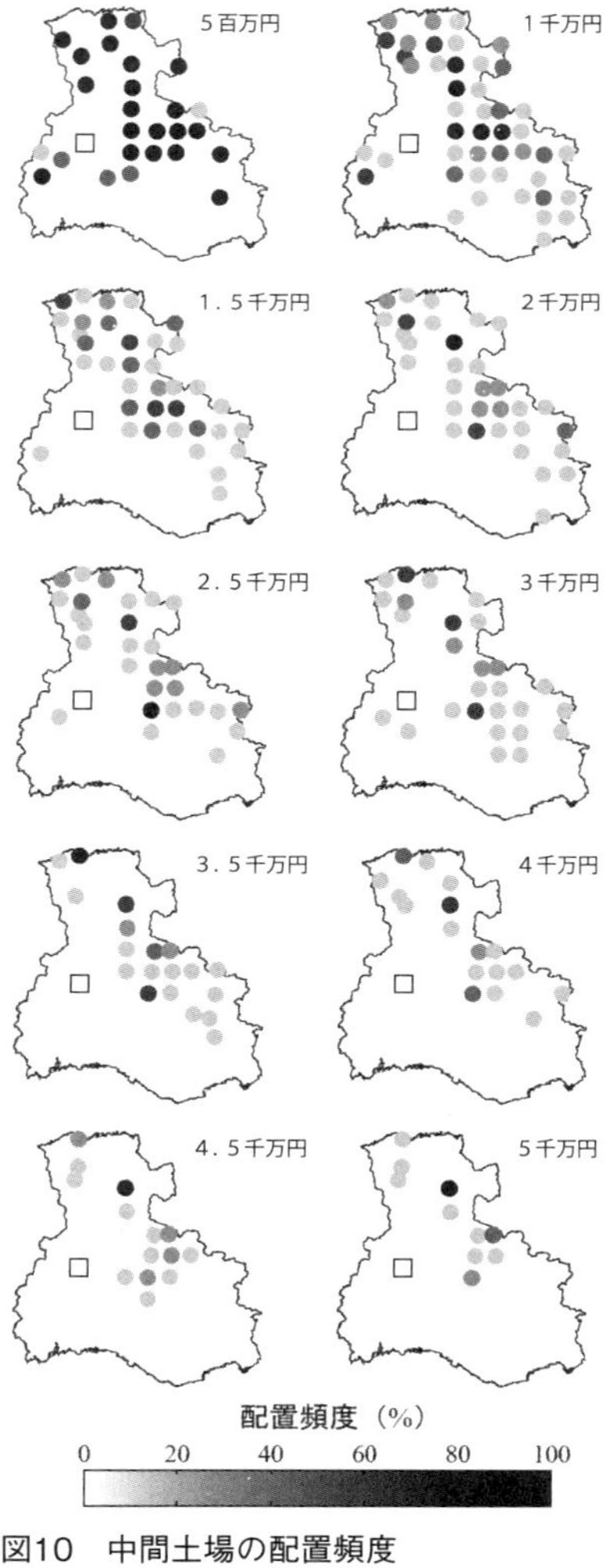

図10　中間土場の配置頻度

固定費が安い場合には、中間土場は人工林が多く木材センター（□印）から遠い県中東部から北部に多く配置されています。

しかし、固定費が高くなるにつれて配置される中間土場は限定されていき、固定費が１５００万円以上になると、配置頻度が20％を上回るのは輸送距離が60㎞を超える候補地のみとなりました。

実際の中間土場の固定費は、立地条件や地価などの影響によって異なると考えられますが、上記の結果から、固定費が安い地域や森林資源の密度が高い地域において多くの中間土場を配置することが有効であり、固定費が高い地域や工場から近接した地域においては中間土場の配置を控えるべきであることがわかります。

実際に中間土場を配置する場合には、図7（64頁）の番号10、39、47、66周辺のストックポイント跡地へ中間土場を設置するのが有効であると言えるでしょう。

中間土場を通過する原木の比率

中間土場を経由する原木の比率は、固定費が５００万円の場合は50％を超え、固定費が高くなるほど減少します。しかし固定費が５０００万円でも約35％は中間土場を経由するほうが有

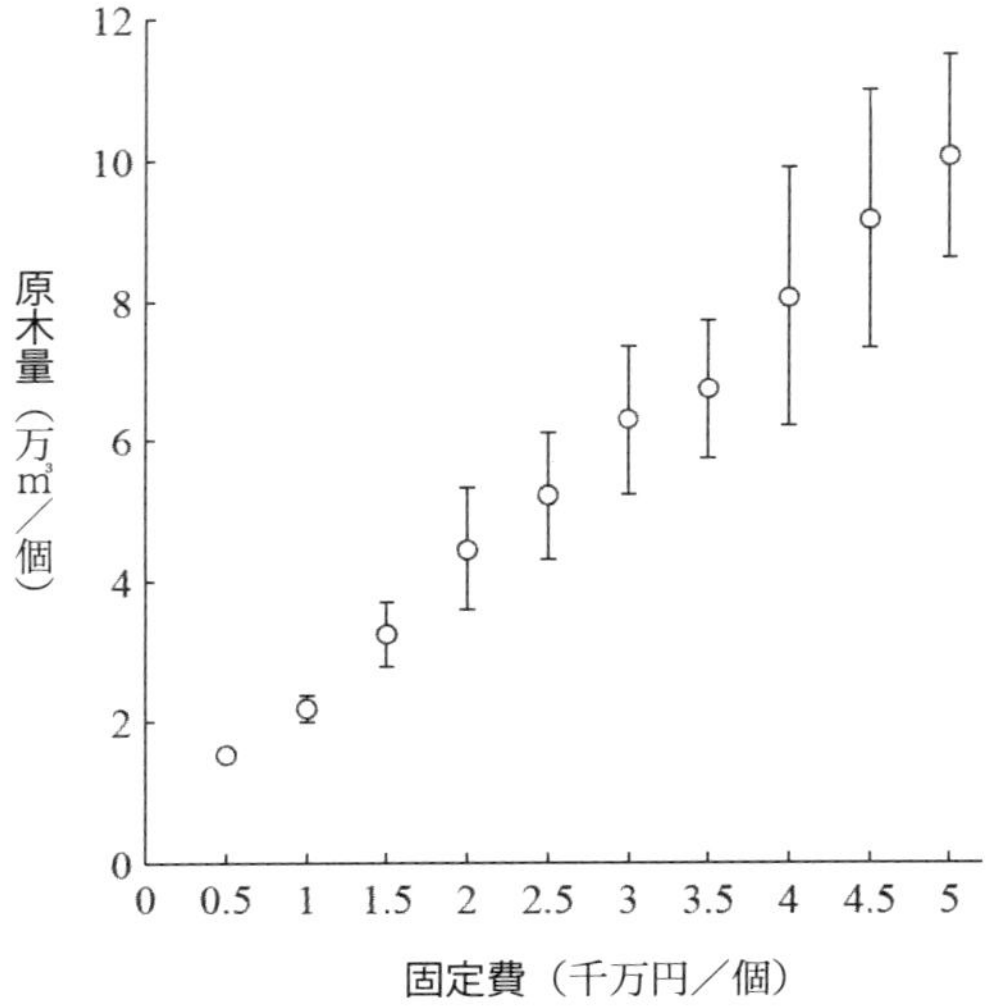

図11　中間土場一地点当たりの平均原木量

利となりました。

そのことから、中間土場が少なく固定費が高い条件下では、一つの中間土場を通過する平均原木量は、固定費が２５００万円の時に約５万㎥、５０００万円の時に約10万㎥と大きなものとなりました（図11）。

すなわち、中間土場の配置個数が少ない場合、それぞれの中間土場の規模を大きくしなければならないことを示しており、候補地の選定においても、慎重な対応が必要となることが示唆されます。

まとめ

本調査で確かめられた低減効果は、あくまで1工場の原木調達活動における結果であり、またさまざまな条件を仮定した上で得られた結果です。条件（工場・森林資源の立地関係、輸送車両など）が異なれば、大きく異なる結果が得られる可能性があります。

実際に配置計画を策定する際には、具体的に中間土場を設置する候補地を選定し、それぞれに異なる固定費を初期条件として与えるとともに、すでに施業が進んでいる集約化モデル団地の場所やその出材計画など、より詳細な森林資源情報を加味することがより正確な評価をするには必要であると思います。

本報告の図２～11および解析内容の一部は、次の参考文献の白澤ら（２０１３）、白澤ら（２０１４）から引用しています。

参考文献

白澤紘明・長谷川尚史・梅垣博之．２０１３．原木流通における輸送車両選択によるコスト低減効果：兵庫県を事例として．森林利用学会誌28(1)．7―15．

白澤紘明・長谷川尚史・梅垣博之．２０１４．中間土場の活用による原木流通費の低減効果．森林利用学会誌29(1)、37―44．

ひょうごの農林水産技術．森林林業編．No.622013.3.16．

事例編

サテライト土場へ長材のまま運材・造材
仕分け・販売は市売企業に委託

速水林業代表／三重県
速水　亨（はやみ・とおる）

台風被害木の処理から始まったサテライト土場の開設

速水林業は三重県の南部、紀伊半島の熊野灘、太平洋に面した尾鷲市、紀北町にまたがる尾鷲林業地帯で、約１０７０haの所有森林と関係会社経由で近隣の大台町でトヨタ自動車が所有する１７００haの森林の管理、そしてその他に、所有森林に隣接している所有者の森林作業を行っています。

サテライト土場は、すでに20年以上続けてきています。以前、速水林業は基本的に立木売り

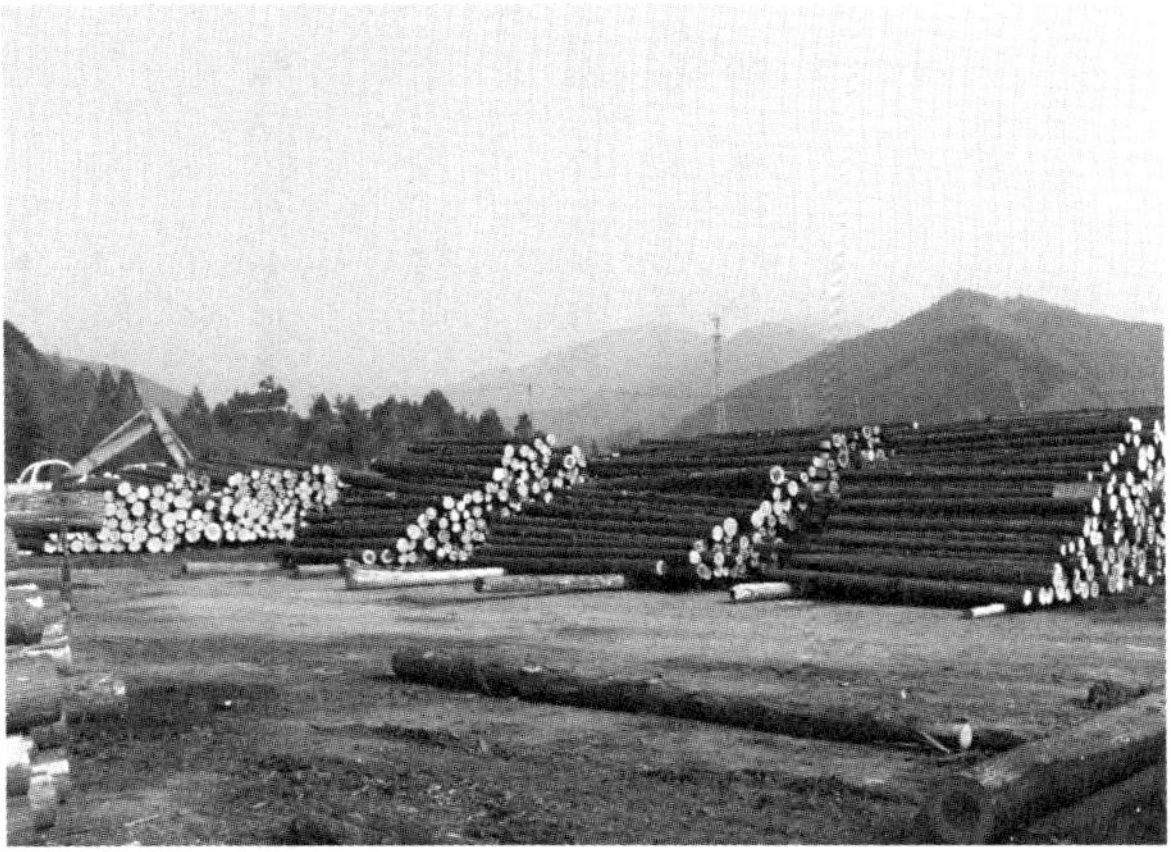

写真１　材が仕分け、椪積みされているサテライト土場

で、一部当方搬出が入札条件でした。その後はすべて林道端積み込み渡しが条件での入札を行ってきました。また、一部は直接原木市場や森林組合の共販所に出すこともあり、林道開設で出た排土で沼を埋めた土場を利用してきました。

しかし、１９９０（平成２）年９月、台風19号によって森林は甚大な被害を受けて、８０００㎥以上の被害木が出ました。被害地域が当地方に限定されていたこともあり、この風倒木処理は時間との勝負でもありました。一気に林業機械を導入して、ともかく運べる最大の長さに山で切って、すべて土場に運び、そこで造材して原木市場に運んで販売しました。この時には、土場での造材に３名が従事し、運搬の運転手をもう1名が担当することもある状況でした。このようにスムーズに処理を進めた結果、当方が大半の被害木を売り切った頃に他の被害森林から木材が出始めたほどでした。

高品質丸太を集める原木市場と連携したサテライト土場

その後、材価の継続的な下落もあり、利益率を上げるために製品販売のための丸太の委託製材を行ったりしましたが、資金のフローを考えるとそれほどうま味はなく、それよりもまずは土場のコスト削減の必要性に迫られました。そこで考え出されたのは、市場との連携でした。現在、原木市場は知ってのとおり変化の必要性を突きつけられています。

特に林野庁が推進した新生産システムは、もともと原木市場飛ばしです。私はこの計画が検討されている終盤に原木市場の重要性を林野庁の担当者に説きました。最低でも物流と商流を分けて考えて、物流は丸太の質によっては積極的に製材工場への直送、商流は市場のファイナンス機能と情報収集力を利用するという仕組みを提案して、事業の中の仕組みに市場を含めることを認めてもらいました。

歴史のある林業地帯では、このことは非常に大事なことです。特に質の高い丸太は製材工場への直売もありますが、やはり常に必要と言うよりも、必要に応じて購入という体制が強く感じられます。これらの製材工場は大量消費の大型製材工場とは違うマーケットを持っています。

例えば、三重県はヒノキが多く集まる地域であり、複数の木材原木市場が存在しました。特に松阪に集まるヒノキの量は、岡山県の津山、岐阜の中津川に次いで多く、しかも昔から松阪のそれぞれの市場は、高品質の丸太を積極的に集めて、良い丸太をより高く売るという商いが中心です。単に量を集める方針だけではなかったのです。

２００１（平成13）年4月に松阪地区にあった原木市場が中心となり、原木市場から製材、加工、住宅販売、製品市場等の木材関連産業が集まる「ウッドピア松阪協同組合」に統合されました。

当然製材業は、昔からこの市場の特性を利用した高品質、少量生産が中心の製材を行い、それが強みにも弱みにもなっていました。

そこで、速水林業はこの市場との連携を重視し、体制を組み直しました。特にウッドピア松阪協同組合の市売企業・松阪木材株式会社（以下、松阪木材）と松阪地区木材協同組合が長く取引きのあった原木市場でしたが、当方の土場まで市場自体が出向いて来ないかという提案に積極的に協力してくれたのは松阪木材でした。

写真２　サテライト土場をウッドピア松阪協同組合の市売企業・松阪木材株式会社と共同運用（写真撮影：松阪木材市場）

写真３　速水林業の造材担当者

その後、サテライト土場は松阪木材と速水林業が協力して管理しています。簡単に分ければ造材は速水林業、造材した原木の仕分け・販売は松阪木材という関係です（写真2、3）。結果的に速水林業の土場への配置は1名で、それも苗圃管理を兼ねています。

製材業の方々が気楽に立ち寄ることができる立地

速水林業の森林は150以上の箇所に分散していますが、概ね紀北町海山区内に存在します。国道42号線沿いの森林内にサテライト土場2haを用意し（図1）、自社で伐採した木材はすべてこのサテライト土場に集積しています。森林からの運搬距離は概ね15km以内です。

サテライト土場から松阪木材のあるウッドピアまでは概ね70kmあり、高速道路を利用すると1時間ほど、国道42号線利用で1時間20分ほどかかります（図2）。この土場の周辺には朝の職員の集合場所や機械類の修理作業所、倉庫なども集まっていて、管理責任者のオフィスもあります。また土場の隣は15万本の苗木生産が可能な苗圃で、土場の造材担当者はこの苗圃の世話も同時に行います。

当方でサテライト土場が機能するために特に重要なのは、まずは十分な広さと、大型のトレー

図１　速水林業サテライト土場の位置（Google マップより）

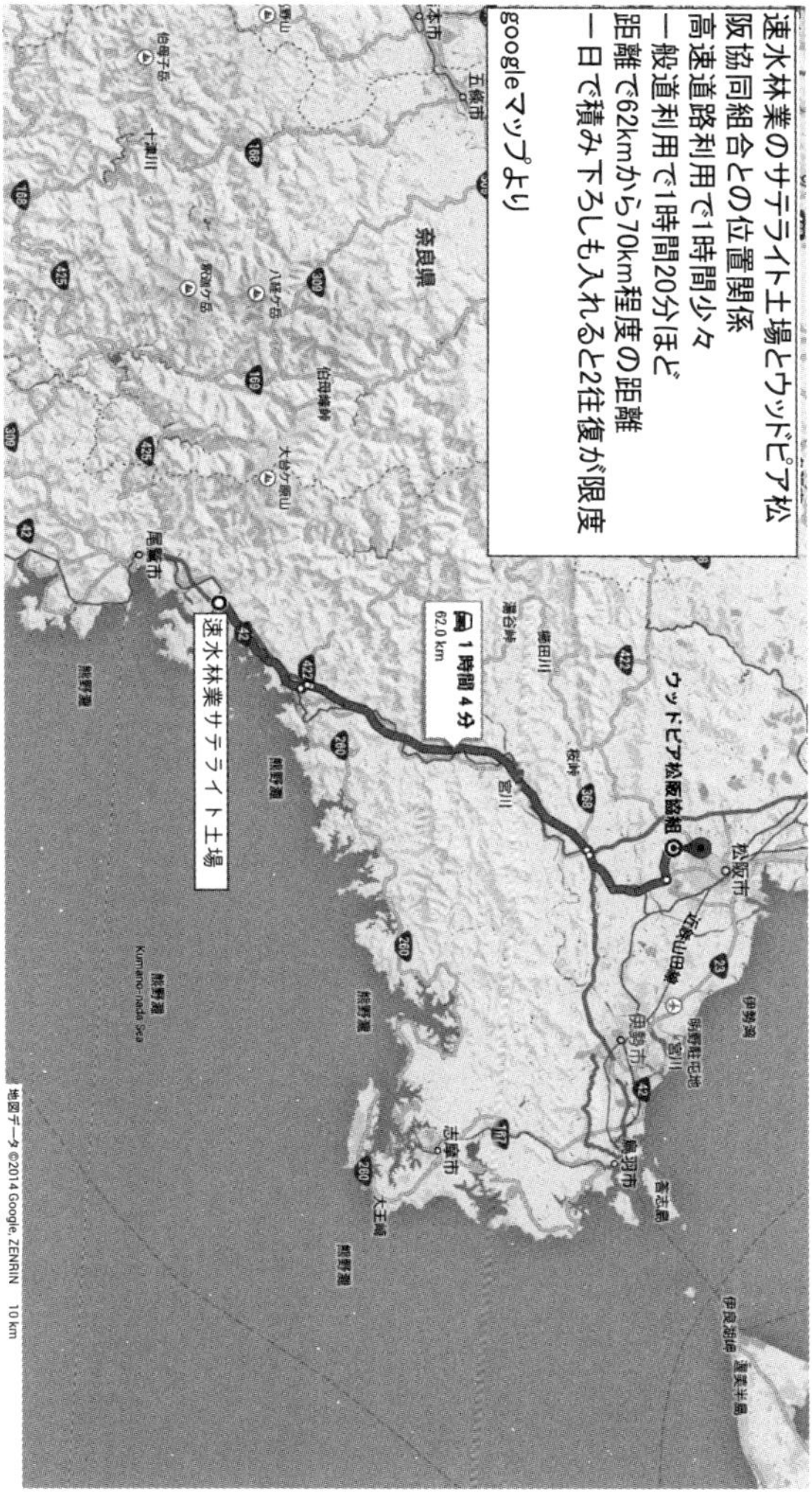

図２　速水林業サテライト土場とウッドピア松阪協同組合との位置関係（Google マップ）

ラーが進入でき、製材業の方々が気楽に立ち寄ることができる交通の便の良いところでした。

単に仕分けの効率化であればトレーラーの出入りは重要ですが、特に交通が便利というのは必須条件でないかもしれません。しかしながら土場というものは木材が集散するだけでなく、さまざまな情報が集まり出ていく所という意識を持つことが重要だと考えます。

精密な仕分けのためにサテライト土場は必要

サテライト土場は、不要だとの見解もあります。それも一概に間違いではないでしょう。大きな作業単位の伐採で同一の木材が大量生産でき、その上あえて細かい選木をせずに、大型トラックやトレーラーに直接積み込みができるならば、サテライト土場に一度丸太を降ろすより、はるかに効率的です。

北欧などは比較的林地がフラットなためにこのような状況だと理解しています。

しかし、南ドイツのミュンヘン近くを20年以上前に訪ねた時は、伐採し枝も払わないままの木材をトラックやトレーラーに何本も乗せてしっかりと固定し、プロセッサと選木機を備えた広い中間土場まで輸送し、そこで枝払い、造材、仕分けをしていました。ここには小型の製材工場もあり、選木機の末端は製材工場に導かれて一部の木材は直接製材されていましたが、その土場の目的はあくまでも玉切りと選木でした。

速水林業も以前はハーベスタを現場に入れてみましたが、精密な仕分けに耐えられるような造材はできませんでした。その後に、造材した原木の仕分け・販売を、松阪木材に委託すると同じくして、こちらの造材担当は1人体制としました。いわば原木市売企業の「出前仕分け・販売」業務依託です。この際の手数料等は市売市場と概ね同等としているので、松阪木材にもメリットはあります。

山での造材を無くすことで安全を確保

前述してきたように、速水林業のサテライト土場の特徴は、二つあります。一つはここで造材をしていること、もう一つは市売り企業にこの土場の運用を協力してもらっていることです。

森林の伐採現場では細かい造材はせずに、搬出可能でトラックに積める長さに造材して、細かな造材は平地のサテライト土場で実行します。木を転がして全周の欠点と細かな曲がり、節のありかを判断して造材していきます。間違いなく山での造材やプロセッサの造材とは比較にならない精度です（写真4、5）。

このサテライト土場での造材によって、山での造材をなくすことにつながり、安全がより確保されることとなりました。実はこのポイントはとても大事なことです。

また、サテライト土場には、松阪木材市場が関係する他の森林所有者の伐採した材も集められるようにしています。そのため、特に並材の運搬に使う大型トレーラーに積載する量をまとめることができて便利です。また集約化するときに他の所有者の木材も丁寧に造材・仕分けを行えるために信頼が生まれます。そのことで他の所有者に声を掛ければ大半が共同で作業できるので、間伐を含めて作業のコストダウンにつながります。

良質材と並材の造材と仕分け方法

良質材の造材における主な留意点

①需要側の視点で造材します。

②造材で曲がりを徹底的に抜いて直材とします。

③腐りなどの欠点は、材積減をいとわずに可能な限り取り除きます。

写真4　簡単な造材で長いまま土場へ

写真5　平地のサテライト土場では精密な採材が可能

表　速水林業サテライト土場での仕分けと販売先

<table>
<tr><th>長級ほか</th><th>仕分け等級</th><th>規格</th><th>販売先</th></tr>
<tr><td rowspan="5">2m材</td><td>Aランク</td><td>>30cm</td><td>市売り（松阪木材市場）</td></tr>
<tr><td rowspan="2">Bランク</td><td>>30cm（難あり）</td><td rowspan="4">S製材
（商流のみ松阪木材市場経由）</td></tr>
<tr><td>20〜30cm（元玉）</td></tr>
<tr><td rowspan="2">Cランク</td><td><20cm（元玉）</td></tr>
<tr><td><≒20cm（並材）</td></tr>
<tr><td rowspan="4">3m材</td><td>Aランク</td><td>>15cm
（元玉、二番玉）</td><td>地元製材工場4社による入札
（商流のみ松阪木材市場経由）</td></tr>
<tr><td>Bランク</td><td>>15cm（並材）</td><td>地元製材工場3社による入札
（商流のみ松阪木材市場経由）</td></tr>
<tr><td>Cランク</td><td>曲がりやクサリがひどいもの</td><td>バイオマス燃料行き</td></tr>
<tr><td colspan="3">・但し、B、Cランクの一部は杭用として森林組合の円柱加工・製材場へ
・特にCで大径木の先端部で、節だらけだが太さはあるという材は森林組合の円柱加工・製材場へ
・バイオマスと森林組合への販売は、商流も松阪木材市場を通していません。</td></tr>
<tr><td rowspan="5">4m材
（中目材）</td><td>Aランク</td><td rowspan="3">>≒30cm</td><td>市売り</td></tr>
<tr><td>A'ランク</td><td>中目材専門業者数社
（松阪木材市場扱い）</td></tr>
<tr><td rowspan="2">Bランク</td><td>地元製材2社
（商流のみ松阪木材市場経由）</td></tr>
<tr><td><20cm</td><td>森林組合の円柱加工・製材場</td></tr>
<tr><td>Cランク</td><td>難あり材</td><td>バイオマス燃料</td></tr>
<tr><td rowspan="4">特殊材</td><td rowspan="2">ヒノキ足場材形状
（牡蛎養殖用筏用材）＊</td><td>5.5m & 7.4m
（末口6cm）</td><td>鳥羽、志摩</td></tr>
<tr><td>6.0m & 9.0m
（末口6cm）</td><td>渡利（地元）</td></tr>
<tr><td>スギ足場丸太形状</td><td>5〜9m程度
（皮むき仕上げ）</td><td>松阪飯南森林組合の市場</td></tr>
<tr><td colspan="3">＊牡蛎の筏用材は20年ほど前まで生産していたがその後は行っていませんでした。しかし最近他の素材に比べて当地のヒノキ丸太で作った筏の耐久性や波浪に対する強さが再評価されて、牡蛎養殖業者の要望で生産を再開しました。単価は難しいのですが、さまざまな工夫で採算を合わせています。</td></tr>
<tr><td>その他</td><td colspan="3">特殊な注文材は、それに応じて造材販売（長尺材、文化財補修用材、家具用材等）</td></tr>
<tr><td>端材・短材</td><td colspan="3">すべてトラック用ボックスに入れてバイオマス燃料に販売</td></tr>
</table>

写真６　地元製材業者に販売されるＡ’ランク（表参照）の材

④予想される需要側を想定して15～30cm位の余尺を選択して付けます。

⑤造材はチェーンソーですが、常によく切れる状態に目立てをし、切り口は常に木に対して直角でまっすぐに、きれいに仕上げるよう心掛けます。

並材の造材における主な留意点

①梢端部近くで建築用材に適さないものはチップ材の扱いになり、バイオマス燃料の重量販売となるため、あえて長さを揃える行為は省略します。

②基本的に３ｍまたは４ｍ造材で末口16cm未満ののは、杭材に採れるものとバイオマス燃料用に分けて考えます。

③材を移動させる回数を最小限に抑えます。

います。

仕分けと販売先

サテライト土場での仕分けと販売先はかなり複雑です。概ね表の基準によって仕分けをしています。

需要先への情報を取捨選択してサテライト土場から発信

速水林業では、土場での使用機械は基本的にホイールシャベルにフォークを付けたもので丸太を動かしていますが、造材前の木材のトラックからの荷降ろしや移動は、ベルロガーという南アフリカ製の三輪機械（写真7）で行っています。フォークリフトに比べて未舗装に強く安定しているため、早く走行でき力も強く、動きも敏捷です。松阪木材はフォークリフトと、必要に応じて固定式グラップル付きのエクスカベーター（パワーショベル）を持ち込みます。

速水林業のサテライト土場は、機械化も大事でしたが、なんと言っても速水林業が得意とする70～110年の樹齢の中目以上の高品質なヒノキ材の需要先への情報収集と発信を土場機能の中でも重視しています。それぞれの業者がここに必要な木材が常にあるということを意識してもらえるように情報を取捨選択して流します。

写真７　長いまま運ばれた材を南アフリカ製のベルロガーで荷降ろし

高品質材の生産に伴って必然的に生産される梢端部に近い部位は大量の並材となり、材積的には主流となります。そのために販売の経費削減と少しでも有利な販売が重要となっています。

また、近年需要が急速に高まったバイオマス燃料に呼応して、運搬業者にさまざまな提案を行い、ともに利便性が増すような方法で、サテライト土場の一部を運送業者に貸して、そこをバイオマス燃料の中間土場として利用することで価値を高める努力を行っています。今後は極力手を加えないでチップにするために工夫が必要と考えています。

写真8　集積された並材。量を集めて1回の輸送量をいかにまとめるかが重要

木材市場との情報共有は極めて有効

サテライト土場は、やはり並材に関しては量が集まることと、1回の輸送量をいかにまとめるかが重要です。材価が1万5000円／㎥以下を並材とすると、このような物流は市場を通さずに製材工場に一度に大量に運べば、コストは3000～5000円／㎥削減することが可能となり非常に効果があります（写真8）。

また、この販売は松阪木材が担当するために、販売先が1カ所に固まらず、業者の選択が可能となり、それなりの競争が起きることは、契約販売よりも有利です。

高品質材は、なんと言っても丁寧で精密な造材が可能になり、「速水林業の丸太は欠点がすべて除去されていて、曲がりも極めて少ない」との評価を得ていて、販売価格も競りでは必ず競り上がり、競りをしない木材は、当方の設定価格で喜んで買ってもらっています。

また、木材市場との情報共有は極めて有効で、例えば競りに出す高品質材の2m造材という、あまり他では行われないような造材も極めて高い単価が付きます。これも買い手の需要を知ることで成功した試みです。

山で育つ立木はどれほど丁寧に育てても必ず曲がりはあるものです。また使われるときはほとんど必ず直方体の四角柱の柱や板になりますから、曲がりは喜ばれません。そのために造材によって、曲がりをどう除いていくかが造材の基本です。

速水林業では極端に曲がった木は、高樹齢になるとほとんど間伐で除去されていますが、やはり曲がりはあるので、サテライト土場で徹底的に除去します。「この土場から出る木に曲がりはない」と言い切れるように努力していると言っても過言ではないです。

共同利用を増やすことで出荷のサイクルを早める

現在サテライト土場を通過する原木量は概ね４０００㎥程度です。土場の広さと仕分けの方法からすると、広さにあまり余裕はない状態です。

しかし、やはり地域の方々との共同利用を増やすことで並材の集荷を増やし、出荷のサイクルを早めることが今後も大事となります。材はこの土場から出て行かない限り、換金されませんから、サイクルが早いことで経営が楽になります。

それと、高品質材への顧客増大へつなげていくことが必要です。高品質材の需要は減ったとはいえ、堅い需要が存在します。所得格差が増大している現在では、建てられる住宅の差は、今まで以上に大きくなり、極めて廉価な住宅が増えている半面、高価な設備を伴う高級な住宅も手堅い需要があります。高級な住宅を建てる工務店等に向けて木材を納める流通を確実につないでいく必要があります。松阪木材の情報に頼るだけでなく、自ら情報収集を行い、供給先の多様性を確保していく必要性を感じています。

A材は山土場から地元製材所へ直送 B材以下は中間土場経由で出荷

北信州森林組合総務課長／長野県
田中　忠（たなか・ただし）

増大する素材生産量と山土場

これまで30年にわたって素材生産に関わってきました。生産現場をレイアウトするとき最初に考えることは、搬出材を集積しトラックに積み込むための土場（山土場）の設定です。伐採現場から作業路なり架線で道路際まで搬出するわけですが、そこに集積するスペース、そしてトラックに積み込むスペースが必要になってきます。

北信州森林組合の素材生産量は、10年前の２００３（平成15）年は、受託林産（組合員から木の販売委託を受け、組合が作業）と買取り林産（組合員から立木で森林組合が買取り生産）を合わせて約2700㎥の生産量でした。現在、2013（平成25）年は、受託林産が1万7000㎥、国有林生産請負いが1800㎥と、生産量を大きく伸ばしています。

素材生産量が小規模なうちは、ブル集材などでその日搬出した材を所有するトラックに積んで、毎日運搬するといった形態であれば、小スペースの山土場を確保するだけで済みました。しかし、現在の木材価格において素材生産を進めるには、生産コストの削減が求められます。そのために導入した高性能林業機械によって木材の生産量は増え、生産量が増大する中ではトラック運材が間に合わず、山土場では処理しきれない状態となります。また、運材ではトラックもより積載量が多いものが求められるようになります。

これにより、山土場とは別の場所に集積・積載する中間土場を設定することになります。このようなことは今に始まったことではなく、これまでも現場の状況からこうした中間土場を現場ごとに設置して、素材生産を行ってきています。ただし、この場合の中間土場は、あくまでも納材先と山土場の間に介在する、コストを上乗せさせる場所でしかありませんでした。

写真１　視察先・ドイツの伐採現場。伐採木は長尺に玉切られ、そのまま中間土場か製材工場に運ばれていた

長尺材を中間土場で造材する発想

15年ほど前、カナダのウェアーハウザー社の伐出現場と中間土場を視察したことがあります。現場では樹高50ｍもあるダグラスファーを伐採していました。それを現場で大雑把に半分の長さに玉切りして、大型のグラップルで集材してトレーラーに積み込み、運河沿いにある中間土場に移送していました。中間土場では材の太さなどから判断して、用途にあった採寸造材して利用先別に選別し、イカダで製材工場や港へと運んでいました。

２年前に行ったドイツの視察では、現場で

伐採木を長尺に玉切って隣接する道路際に積み重ねていました。製材工場が山土場で丸太を購入し、トラックを手配して工場に運んでいるとのことでした（写真1）。視察した製材工場では長尺材を用途に応じて造材し、製材機へ流していました。造材で出た半端材は、グラップルで選別されて燃料用にと販売されていました。

私が見た欧米の現場では、伐採現場の生産段階では、用途に関係なく長尺に切って運び出し、ハブとなる中間土場や製材工場などで利用目的に応じて造材していました。材の流通としては、理想的なことと考えます。

我々も現場で丸太を長尺に玉切り、搬出して中間土場や製材工場に搬入してはと考えたこともあります。しかし、日本の道路状況では、トレーラーを現場に横付けさせるなど不可能です。大型トラックでさえ入れない林道が多くあります。また、製材工場が長尺材を受け入れたとしても、A材からD材まで全てを利用する状況ではありませんので、未利用部分が多く出てしまい不採算となってしまうでしょう。欧米の状況を日本に当てはめるためには、道路状況や総合的な木材利用システムなどが構築されなければ無理であり、簡単に取り入れることはできません。

A材は山土場から製材工場へ直送

北信州森林組合が合併した2001（平成13）年頃は、木材価格が大幅に下落し、搬出間伐が停滞した時期でした。当時は搬出した材は木材市場へ出荷するだけでした。木材市場へ出荷した木材は、そのほとんどが県外業者によって購入されていました。この地域にも多くの製材工場がありましたが、輸入材の受入港である直江津港が近いため、どこの工場へ行っても米松とソ連カラマツばかりが置いてありました。

木材市場は県外業者に席巻され、その価格も県外業者の需要に左右されて、安定した販売ができない状況でした。そこで、なんとか地域製材工場に地域の木材を使ってほしいということから、地域の建築関係者、製材工場に呼びかけて、地域材による家づくりネットワークを立ち上げました。このネットワークによる活動も十数年が経過しましたが、その成果もあり、今は地域のどの製材工場に行ってもスギやカラマツばかりが置いてあります。そうした経緯もあり、これまで搬出したA材については地域の製材工場へ現場（山土場）から直送しています。そして製材工場が用途としない材は、木材市場と製紙用チップ工場へ出荷していました。

写真２　フォワーダのオペレーターが小運搬をする中で選別

この製材工場への直送を行うために現場では、プロセッサのオペレーターが造材段階で最初の選別をし、フォワーダのオペレーターが小運搬をする中で選別を行い、検知を取るようにしました（写真2）。

こうした販売を続けてきた中で、数年前から合板用としてＢ材が県外の合板工場へ販売できるようになりました。最近では合板用以外にも欠点材を中国へ輸出することができるようになり、そのことが新聞記事などで地域内に広まると、オガ粉工場やバイオマス発電所などを刺激して、木材需要に大きな変化が現れてきました。

大量のC材を集積するために中間土場を設置

北信州森林組合も事業の主体が保育から林産へと大きく変化をしています。そうした中で、計画的な事業執行ができるように、集約化専門の部門を配置し実効性のある経営計画を作成しています。各集約化担当が境界明確化、林分調査を行い、施業提案により森林所有者との契約を集約して、事業計画を作成し事業を執行しています。

かつては、建築用材を主に生産できる現場が搬出間伐の中心でしたが、管内全域を搬出間伐の対象とし、Ｂ・Ｃ材しか生産できないような現場でも搬出間伐を実施しています。

２０１３（平成25）年度事業では、夏ごろまではＣ材の販売が停滞していました。しかし、売り先が決まらないからといって、事業そのものを止めることがあっては本末転倒です。現場は「生産」が仕事で、「販売」は事務所の仕事です。現場に対しては事務所が責任を持って販売するから出し続けさせるということが、林産事業を組合事業の主体として実行していく上で重要なことだと思います。

このような状況で事業を進めていたこともあり、現場でＣ材を集積するスペースがなくなり、

写真３　北信州森林組合の赤坂中間土場

現場作業を継続させるために、中間土場（写真３）を設置して各現場からＣ材を集めることにしました。このときの組合全体のＣ材蓄積量は２０００㎥を超える量になっていました。

　これほどの量になると、Ｃ材であっても量が価値を生むことになり、売り先も出てきました。ほとんどを県外のバイオマス発電に販売することができました。この販売では遠距離輸送のため、運材コストを下げなければならず、大型トレーラーで運ぶことになりました。これを可能としたのもトレーラーが入ることができる中間土場だったからです。

　中間土場とした土地は、合併前の組合がオガ粉製造を手掛けていたときに工場建屋などを造成した場所で、結局は失敗し跡地となっていたところです。この土地が残っていたために設置経費も少なくすみました。組合にとっても、価値がなかった資産が有効活用できたということは、大変良かったと思います。

B材以下は中間土場を経由して出荷

現在は基本的な生産手順として、先に述べたようにA材は地元製材工場用に直送しています。B材以下の材は中間土場に集められ、出荷先別に椪積みされます。その出荷先は、合板用、合板用に不向きな物や販売価格で不利になる細物は中国輸出用、残りはバイオマス発電用や製紙用チップ工場向けに、さらに広葉樹はオガ粉工場や直販の薪やキノコ原木用です（図1）。かつて主であった木材市場への出荷がなくなっています。

これらの材の仕分けは、プロセッサ造材とフォワーダの小運搬の段階から始まります。他の事業体では現場で混載して運んだ材を、中間土場で選別する方法がとられているとも聞きます。前述した欧米の現場のように長尺材で中間土場に運んで、そこでの造材・選別は有効であると思います。しかし、現状では現場で造材しているのですから、地域内の短距離運材であれば、現場から直接行うほうがコスト的に有利になるのは当然だと思います。

中間土場は地域外への遠距離運材に活用することで効果が発揮されると考えています。そのためには、現場での選別技能が重要となります。作業の中で、オペレーターが選別を行うことが当たり前になっていれば、それほど難しいことではありません。また、造材にあたっては長さを問わないバイオマス発電用材をうまく活用した造材ができれば、より有利な販売ができると考えます。

生産量が増加する中で、販売先への運材が間に合わない、販売先の都合で受け入れが制限されたりなどで、蓄積する量も多くなってきています。こうしたことも中間土場があれば、現場を止めることなく事業を進めることができます。

ハブとなる中間土場と現場専用の中間土場を併設

複数現場から材を受け入れるハブとなる赤坂中間土場は、林産班が集合する林産事業所に隣接して設置してあります。林産班はここでタイムカードで出退勤を管理しています。ミーティングや日報の記入などをする事務所となっています。

面積は旧オガ粉工場建屋を含めて約1ha、実際に土場として使用しているのは0・5haほど

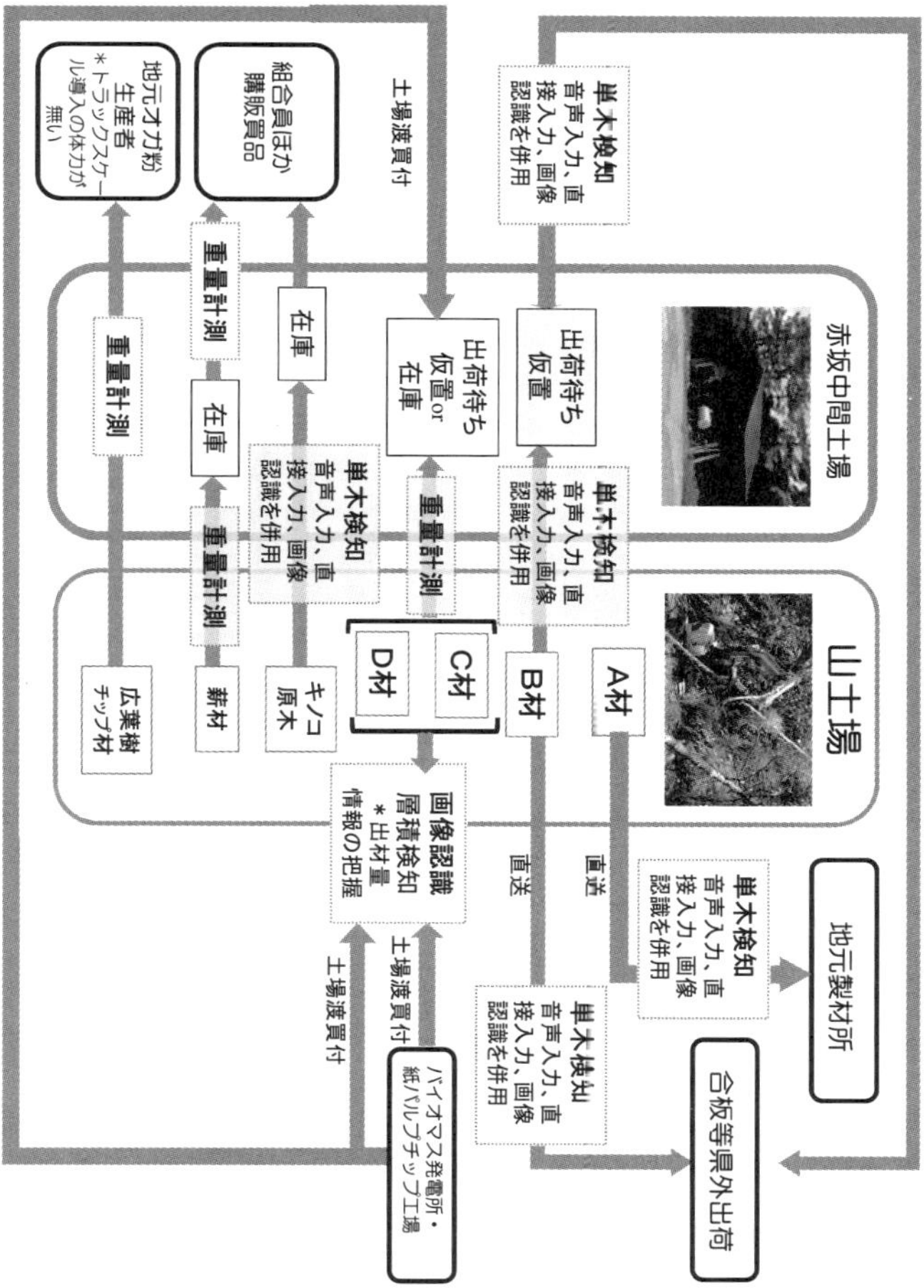

図1　北信州森林組合の木材の流れ

です。

現場で出荷先別に仕分けして集積してあるものを、ここに運んできます。中間土場では搬入した材を、販売先別・現場別に椪を変えて管理しています。集積はトラック通路を中央にとって、通路の両側に集積しています。

コストを下げるために大型のトレーラーで運材するので、一現場ごとの運材だけではなく混載することも発生します。しかし、事業精算は現場ごとに行うことになりますから、販売先別・現場別に管理することになります。更なるコスト削減のために、現場からの受入れシステムの改善が必要となっています。

出荷についてはトラックの配車を一元的に行っていますので、その中のスケジュールで行われます。木材運搬の運送業者も限られる中、当組合も隣の栄村森林組合も長野県森連北信木材センター（市場）も自前の運材用トラックを所有していませんので、取り合いによる出荷の停滞を防ぐため、配車を長野県森連北信木材センターに任せています。運賃についても長野県森連北信木材センターが中心になって業者と決めています。

地域内であってもハブとなる赤坂中間土場に運材すると、距離的にコストが見合わない現場もあります。このような場合は、その現場の近くに現場専用の中間土場を設定することになり

図２　中間土場の位置　北信州森林組合管内

写真４　現場専用の中間土場。メインの赤坂中間土場に運材するとコストが合わない現場に設置する

ます（図2、写真4）。現場ごとに場所を借りて中間土場を設け、現場が完了すれば返還することになります。

こうした複数の中間土場を配したとしても、各現場をその集約化担当が現場管理を行い、そこから出るデータを業務課が一括管理していますので、運材トラックの配置も課内での一元管理によりコントロールしています。

また、土場の保安管理として防犯カメラを設置してネットワークにつないでライブ画像を本所で見られるようにしています。そして夜間など人が見ていない間の保安管理として、数カ月間の録画を行っています（写真5、6）。

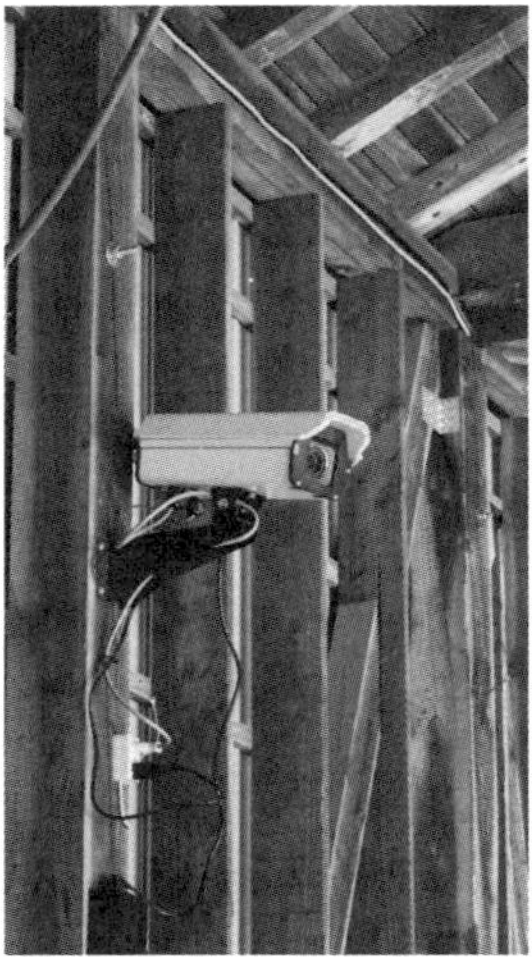

写真5　中間土場の保安管理のために設置している防犯カメラ

ライブカメラによる管理

①防犯
②安全
③出退勤の管理
④林産素材の出入

上記についてライブカメラおよびレコーダーを使って本所で一元管理しています。

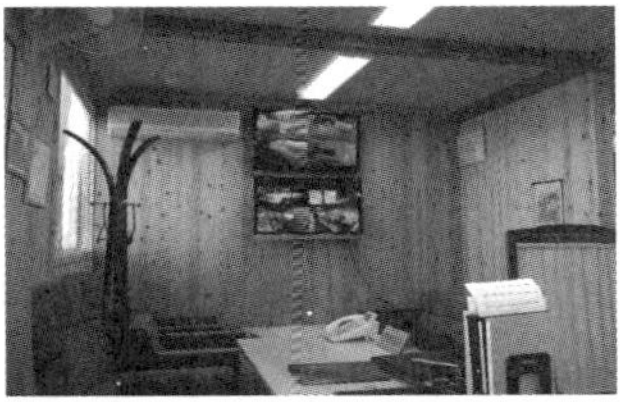

写真６　中間土場の防犯カメラのライブ画像（写真中央左）や各拠点の様子は、組合の本所で見ることができる

林産事業の計画から執行までを一元管理

　こうした林産事業体制を、組合経営の中で確実なものにしていくために、事業計画から事業執行までを一元管理できることを目指しています。

　すでに森林ＧＩＳ情報管理に取り組んでいますが、林分情報については、これまで人的な調査による情報を取り込んでいました。人的な調査では誤差が多く発生して、計画量と生産量に大きな過誤がありました。この改善のために、２０１３（平成25）年からLider（航空レーザー計測による林分解析）データの導入を進めています。２０１４（平成26）度中に航空レーザー計測による林分解析（単木レベルの解析データ）を取り入れることになっています。この林分解析による資源データと森林ＧＩＳの境界データを連動させることにより実効性のある計画的な施業プランを作成することができます。

　これに現在人力のみで行っている丸太の検知については木材検知システムを導入し、また、受け入れでは層積計測（集積された状態の丸太一山の体積を計測する簡易な方法）を行い、販売の際に他所で重量計測していたＣ材や広葉樹を、中間土場で計測できるようにトラックスケールの導入などを進めています。更にこれまで個別データとして管理されてきた木材検収し

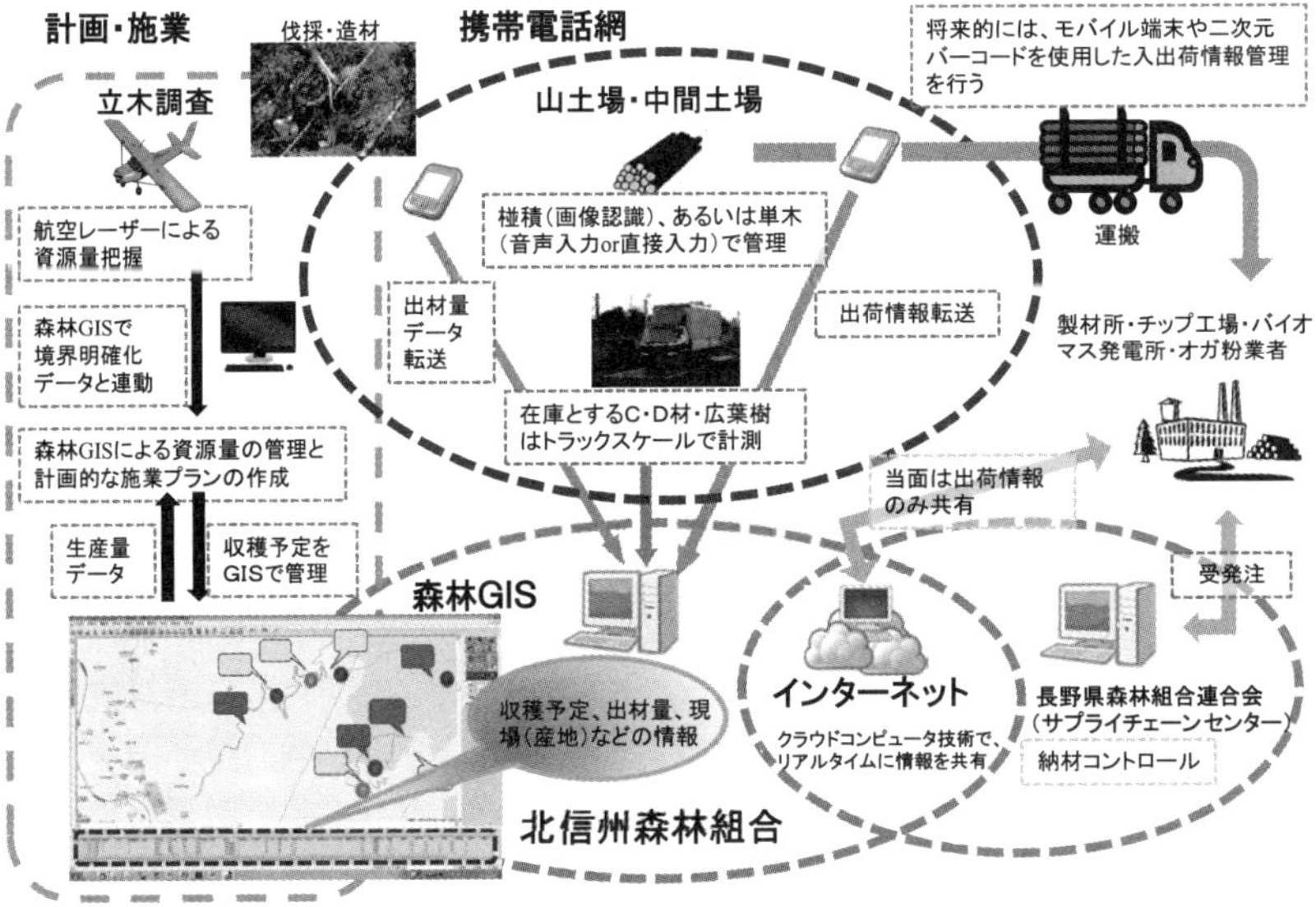

図３　北信州森林組合　木材流通システム概念図

情報をデジタル化することで、出材量、出荷の情報のリアルタイム共有が可能となり、素材流通の見える化が可能となる

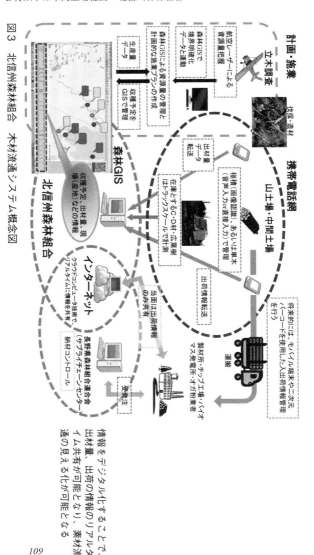

た情報を、インターネットクラウド環境でのデジタルデータ管理を行い、森林ＧＩＳと連動させることにより計画から出材情報までを一括管理することを目指しています（図３）。

また、事業管理システムを導入して、事業執行および事業精算においては、個人別現場別の労務、機械の使用状況や消耗品などの購入のほか、生産した木材販売までをトータルで管理しています。

中間土場を有効に活用していくためには、計画から執行、そして精算まで事業の一連の流れをきちんと管理する体制が必要であり、そうした事業全てを総合的に管理する中での位置づけとして、中間土場が重要であると思います。

中間土場で森林所有者・出荷先ごとに細かく選別、需要先へ直送

日吉町森林組合事業課長／京都府
小林　耕二郎（こばやし・こうじろう）

施業地を一つの木材生産工場として考える──森林組合の概要

日吉町森林組合は、９７２２haの森林について森林経営計画を樹立し、管理と整備を行っています。組織体制は、事業課16名（現場作業者12名、プランナー３名、アルバイト１名）と総務課２名の18名で、年間事業量が間伐面積２５０ha、作業道開設延長20㎞、木材生産量１万５０００㎥となっています。

現場作業者12名のうち、８名がチェーンソーマン（内２名は保育施業専門）、４名が機械オ

ペレーターとして森林整備に従事しています。所有機械は、ハーベスタ2台、フォワーダ3台、グラップル4台、ザウルスロボ1台です。作業道開設および中間土場から出荷先までの木材運送は、ほぼ協力会社へ外注しています。

当組合では、作業班制度という「固定した人数で現場作業を進めていく」ということはしていません。人数を固定するのではなく、高性能林業機械を無駄に止めることなく、いかに有効に稼働させられるかを考えて人員配置をしています。施業地を一つの木材生産工場として考え、チェーンソーマンの後を追ってハーベスタが造材に入り、その後を追ってフォワーダが木材搬出を行っていくという、工場の流れ作業のようなイメージで現場が動いていきます（もちろん木材が流れてはきませんので、技術者や機械が流れていくイメージです）。それぞれのパートが淀むことなく、日々現場の作業人数を変え、必要な人員を現場へ配置します。

また、木材運送トラックも、勝手に中間土場から木材を持っていくのではなく、出荷先へ事前に連絡した納材日や木材市場の市売り日に合わせて、フォワーダのオペレーターがトラックの運転手と連絡を取り合いながら、各出荷先へ木材を運送しています。

中間土場の配置―三つの条件

当組合が取り引きをさせていただいている出荷先は8社（木材市場2社含む）あり、木質バイオマス燃料用チップ工場の1社を除いては、すべて京都府内に納材場所があります。府内の1番遠い出荷先まで60～70km（図1）ですから、基本的に中間土場からの直送体制を取っています。

トラックの運送コストを考えると、できるだけ大型で木材の積載量が多い（20ｔ・30ｔ）トラックのほうがコストが下がります。しかし、中間土場は施業団地のすぐそばに設けますので、そのような大型トラックないしはトレーラーが入って来られる土場はまずありません。したがって、運送会社のトラックは多くても積載量10ｔまでのトラックで、中間土場まで木材を引き取りにきます。

ここで問題となってくるのが、「どこに」、「どのように」中間土場を設置するかということです。と言いますのも、山からはフォワーダで木材を搬出をしてきますので、中間土場までの距離が長ければ長いほど、当然搬出生産性は落ちてしまいます。かといって、トラックをできるだけ山に近い所まで入れるようにすると、そこに至るまでの道がしっかりと強度のある道（安全が確保された道）であることが絶対条件となります。

しかし、地道を、積載量10ｔのトラックが往復何百回（1施業団地では少なくても500㎥の木材が搬出されてくる）と通っても一切傷まない道にしようとすると、路面にしっかりと水切りを設置し、砕石を部厚く敷き詰める必要があります。それをするためには、かなりの費用がかかってしまい、低コスト林業とは言えません。

さらには、土場スペースが確保できず、農道沿いや一般道沿いに木材を置かざるを得ない場合もあります。

また、土場を何とか設置することができたとしても、十分なスペースがないとフォワーダとトラックが別々で作業できずに、お互いに待ち時間が生まれてしまったり、作業中に地元住民が車で通りかかると作業を中断して移動しないといけなかったりと、さまざまな制約が発生します。

したがって、施業団地を設定する場合には中間土場の配置に関して、少なくとも以下の3点の条件を満たしているか、必要な資材がないかどうかなどをチェックしています。

①施業団地の入口付近で、できる限りフォワーダとトラックが別々に作業が行えること。

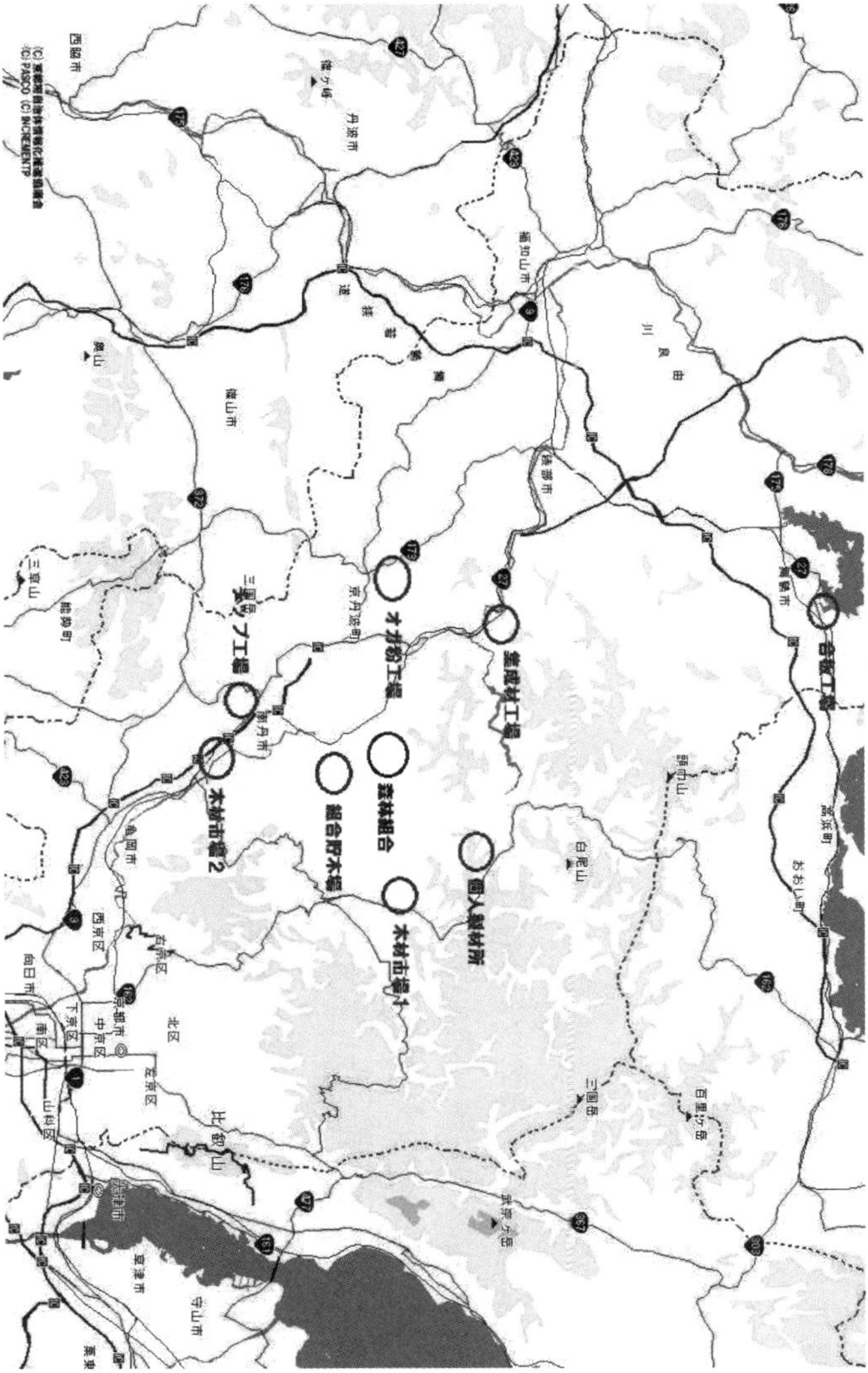

図1　日吉町森林組合の出荷先

②少なくてもトラック5台分（1日の木材搬出量50㎥分）の木材を置いておけるスペースを確保すること。
③中間土場までのアクセス道が地道かアスファルト・コンクリートかによって、養生（敷鉄板等）をする必要があるかを確認すること。

中間土場は、トラックへの積込場という機能と、出荷木材の選別の場という二つの機能を有しています。

当組合で本格的に利用間伐を開始した2003（平成15）年頃は、扱う木材の齢級が若く（6、7齢級）、伐採木の平均胸高直径が14cmで、木材出荷量も年間3000㎥と少なかったため、出荷先は木材市場とチップ工場の二つしかありませんでした。

しかし2006（平成18）年頃になると、利用間伐対象齢級の大半が8齢級以上で平均胸高直径も20cm前後になり、また木材出荷量も年間8000㎥と増えてくるにつれて出荷先も増えていきました。

木材市場以外の出荷先は、すべて工場へ直送しているため、現場ではそれぞれの出荷先に応じた木材選別が必要となります。そのため、中間土場での選別作業も多くなり、より多くの中間土場スペースが必要となってきました。さらには、森林所有者ごとにも搬出木材を仕分けていますので、仕分け数が時には数十通りに及びます。

この森林所有者ごとに仕分けをするということについて、少し補足説明します。

当組合の施業団地は、小規模分散型の森林を「森林施業プラン」による施業集約化で、ある程度まとまった面積にし、できる限り機械の稼働効率を上げるよう施業地を設定しています。そのため、施業団地と言いましても森林所有者が数人おられますし、時には20人を超えることもあります。この森林所有者一人一人に「森林施業プラン」の契約をいただいており、森林所有者ごとに見積内容や木材の売上予測も異なります。

よって、現場作業も森林所有者ごと（森林施業プランごと）に作業時間や数量（間伐本数・造材量・搬出量など）を分けなければ最終の事業精算ができません。当然のことながら、山土場でも搬出木材1本1本について森林所有者ごとに分ける必要があります。

したがって、繰り返しになりますが、山土場へ搬出されてきた木材は、森林所有者ごと・出荷先ごとに選別され、椪積みされます。これだけ細かく選別する必要がありますので、山土場もある程度の広さがないと、非常に作業効率が悪くなってしまうということがご理解いただけるかと思います。

中間土場での仕分けに独自の鉄製枠を活用

先にも述べましたように、十分な仕分け・積込みスペースが確保できる中間土場を設定できる施業団地はまれで、農道沿いや一般道沿いであったり、林道沿いだけれども広場がなかったりと、現場にはいろいろな制約がつきものです。

利用間伐開始当初は、選別数も1日の搬出量もそれほど多くなく（30㎥／日以下）、搬出してきた木材を直接地面から高く積み上げ、所有者と所有者の間を木で仕切ったりしていました（写真1）。しかし、木材を高く積むので荷崩れを起こす危険があったり、時には先入れ先出しができずに最初に搬出した材が最後の方まで残るといったこともしばしばありました。

さらには、木材の搬出量が1日に平均50㎥と増え、出荷先も増えてくると椪をいくつにも分ける必要があり、必然的に広いスペースの中間土場が必要になってきます。限られたスペースで多くの仕分けをすることは、非常に困難で、他の森林組合でも「仕分けスペースがないので、市場とチップの仕分けのみでしか仕事ができない」とおっしゃられているのを聞いたことがあります。

写真１　利用間伐開始当初の選別法。搬出してきた木材を積み上げ、所有者と所有者の間を木で仕切っていた

しかし、森林組合は、森林所有者が大切に育ててきた木材を少しでも高く売るという使命があります。なので、山土場できちんと選別を行い、木材の質によって一番高い買取り価格が出荷先を選ぶということが非常に大切になってきます。そのためにも、限られた中間土場のスペースを最大限有効に使って、きちんと木材選別をしていく必要が出てきます。

限られたスペースでも木材選別ができるようにと、通称「スタンション」と呼んでいる鉄製の枠を組合独自に設計し、鉄工所に造っていただきました（写真２、３）。スタンションに木材が満載になると、10ｔ積みトラック１台分になるように幅・奥行・高さを設計し

写真２　狭いスペースに設置された鉄製の枠「スタンション」。直接フォワーダで木材を仕分けていく

写真３　片側に伸縮機能を持たせた「スタンション」。農道や林道の盛土・切土部分の斜面に対しても水平を保てるようになっている

ています。狭いスペースでも、木材の置き場所が確保でき、かつスタンションごとに出荷先を区分することができます。

写真3のスタンションは、片方が伸縮機能を持っており、農道や林道の盛土・切土部分の斜面に対しても水平を保てるようになっており、空中に中間土場が作れるようになっています。こういった物を作り、狭く限られた中間土場でも一定のスペースを確保できるようにし、極力作業効率を落とさないよう努力しています。また、中間土場できちんと仕分けができるようにすることによって、大切な木材を少しでも高く販売し、少しでも多くの売上金を森林所有者へ返却できるように日々考え工夫をしています。

今後の課題―木材市場の機能を持った中間土場

当組合の中間土場の位置付けは、先に述べましたように「出荷先別・森林所有者別に選別する仕分けスペース」と、「運送トラックの積込みスペース」の二つの機能を持っています。その二つの機能を満たすために、トラックが進入できる場所で、選別作業ができる一定の広さが必要と説明してきました。

これらの条件をある程度満たす中間土場が確保できた場合、現在フォワーダでの木材搬出量は平均50㎥／日です。この数字は、ただ単純にハーベスタが造材した材を中間土場まで搬出して、選別するということで達成できている量ではありません。中間土場のスペースが限られている中で、ハーベスタ造材の段階から「チップ」、「合板用材」、「それ以上の価値の材」というふうに荒仕分けをしたものを、フォワーダでその種類ごとに搬出し、中間土場での選別数を極力減らし、仕分け作業の効率を少しでも上げられるよう努力した結果の搬出量です。

しかし、この平均50㎥／日という量は、ほぼ限界値（フォワーダの走行距離により上下はする）に近い量ではあります。ただ、２０１１（平成23）年に平均60～70㎥／日という木材搬出量を記録しています。これは、当組合が中間土場で森林所有者別にチップとそれ以外の材という2種類の仕分けだけを行った時に記録したものです。ここで矛盾するのが、先に「木材は森林所有者のために少しでも高く売るというのが組合の使命で、そのためには中間土場での選別が欠かせない」と説明したことと、相反していることです。

ただ、この平均60～70㎥／日を記録した理由には続きがあります。それは、第三者が中間土場から少し離れた2次土場までトラックで小出しをし、そこで選別（合板・製材所用材・市売り用材）をして、各出荷先まで運送したのです。簡単に言うと、木材市場の機能を大きな土場まで持ってきてその場で選別を行い、工場直送材はその場から大型トラック（20ｔ積み）で直送し、競りにかけたほうが値が上がる材は市場へ持って帰るということをしたのです。

これは、それほど広い中間土場が必要にならない（仕分けが2種類でトラックにフォワーダから直接積み込みをした）ということと、選別の手間を大幅に省力化できたため、木材搬出コストの大幅な削減が可能になったというメリットがありました。

逆にデメリットになるのが、トラック輸送が2回になるため、運送コストが高くなることです。ですので、中間土場から2次土場までの距離を短くして小出しのコストを抑えないといけません。さらには、第三者の選別技術が確かで信用できるものでなければ、組合で仕分けするより木材価格が下がってしまい、木材価格が安いうえに運送コストが高くなるという本末転倒な話になりかねないという点です。

２０１１（平成23）年は、すべての条件が上手くクリアできたので実現したことですが、中間土場のスペースが抑えられるということと、搬出コストが削減できるということを考えると、いろいろと課題はありますが、今後検討していく価値のある方法ではないかと考えています。

また、最初に説明したように、現在は京都府内への木材出荷がほとんどですが、経営のリスクヘッジを考えると取引先がある程度多いほうが安心できるため、京都府外の取り引きも視野に入れておかないといけません。その場合、トラック運送コストが問題になります。

現状の中間土場では10ｔ積みトラックまでしか入りませんが、長距離輸送となると20ｔ・30ｔ積みの大型トラックやトレーラー輸送が必要となってきます。その場合の2次土場はどうするのか、2次土場への運送コストをどうするのか。大型トラックやトレーラーの調達はどうするのか等々、課題は多いです。

しかし当組合では、木材価格を平均1万円／m³以上（間伐木でチップ材も含めて）で安定的に取り引きができるように、いろいろな取引先に木材を販売していかなければいけないと考えています。そうすれば、少しでも多くの木材売上代金を森林所有者へ返却できるようになりますし、そのことが当組合の使命ですので、今後とも頑張っていきたいと思います。

流通センター機能を持ったコンパクトな中間土場

有限会社　安田林業／広島県〈まとめ・編集部〉

造材時に出荷先を決める

有限会社安田林業は、安田孝社長の所有林とその周辺の山林約３９００ha（内共有林２６００ha）を施業受託しています。造林、育林から利用間伐までトータルに森林を管理し、多様な直販ルートを開拓し事業を展開しています。管理する森林は、廿日市市に合併する前の旧吉和村にあります。

安田林業の素材生産量は年間２０００～２６００㎥で、一部小口の直送分を除いて、２カ所に設けられた中間土場を通って出荷されます。

「安田林業の中間土場は、いろいろな商品が入ってきて、出荷先ごとに配送されていく流通センターのイメージです。中間土場に材が入ってくる時点で、どこに出荷されるかは決まっています」と安田社長。

安田林業では、山で造材する段階で出荷先を決めています。山でどれだけ正確に細かく出荷先別に仕分けられるかが作業のポイントになります。安田林業では、作業道を開設して間伐を進め、材を搬出しています。造材の段階で出荷先を決めるためには、例えばグラップルで材を掴んだときに、材の品質を見るために重機から降りて確認することも必要になります。こうしたひと手間をあえてかけて、仕分けを行っています。

出荷先を決めた材を林内から搬出する際にも、できるだけ1車に積み込む材は同じ行き先とし、3、4m材の混載を避け、中間土場での積み降ろし時間の短縮を図っています。中間土場では、決められた位置に材は椪積みされ、材が揃った時点でお客さんのトレーラーやトラックに引き渡されます。

安田林業の中間土場は、材をいったん集めて、それぞれのお客様にトラックで配送する流通センターの役割を持っています。材は全量直販され、出荷割合は、製材用4割、ラミナ用3割、合板用3割となっています。

注文材のリストをもとに造材

では、山で造材の際にどのように出荷先を決めているのでしょうか。その手順を紹介します。

安田林業では、工務店からの注文材のリストを現場に出して、優先して採材を行っています。

注文材には、特A材、A材があります。

工務店からの注文材の場合には、一番玉の元口をスライスし、材にシミ・腐れがないかを確認し、どの箇所から採れば直材になるかを見極め印を付けます。造材後、シミ・腐れの確認を行い、問題が無ければ二番玉も採っていきます。一番玉の確認で、シミ・腐れが出た場合には、注文材としては扱わず、一般材として採材（3m、4m材）を行います。

注文材は、例えば工務店の4m材の注文が、実は仕口の加工部分も含めて4m30㎝あればより良いという場合もあるので、お客さんの意図・要望を確認しながら、柔軟に対応しています。

注文材は、行き先が複数ある場合には、納品期限、材の集まり具合によって優先順位が変わってくることがあります。注文材の造材に対応するために、重機の中に注文材の規格を書き込ん

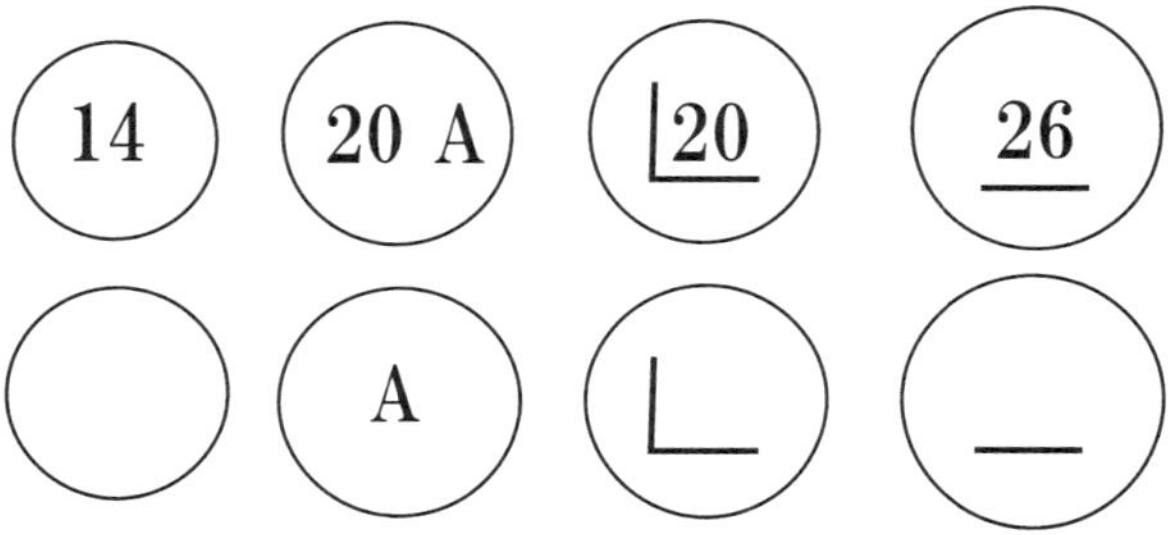

図１　造材時に両木口に記すマーク

だ小さなホワイトボードを持ち込んでチェックすることもあります。

両木口にマークを入れて出荷先を明示

造材と同時に末口の径を測り、末口に径級を記入します。その上で両木口に出荷先ごとに決められたマークを記します（図1）。両木口に記すマークは、工務店向けの注文材については、A工務店であれば「A」を記入します。工場向けには、ラミナ用の材には「L」、合板用は「＿」（アンダーバー）です。製材用の材にはマークは付けません。

両木口に出荷先ごとのマークを入れることで、誰が運材しても中間土場で出荷先別に分けられた椪に迷わずに運ぶことができます。

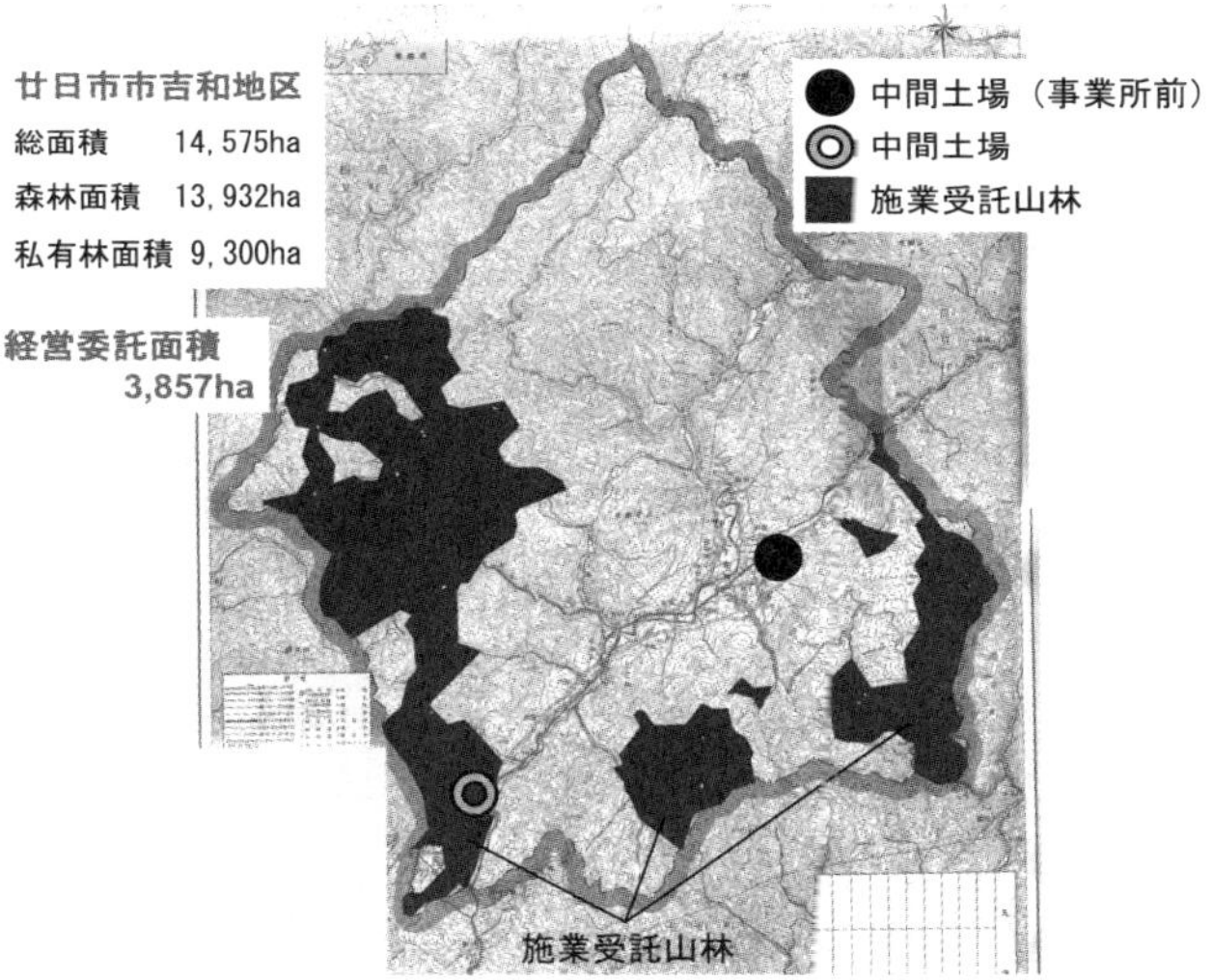

図２　安田林業の中間土場。中間土場は事務所前と団地内の２カ所にある

帰社するときにも材を運搬

二つある中間土場（図２）のうち、メインの中間土場は旧吉和村のほぼ中央にある会社事務所の隣に設置されています。事務所敷地と合わせて３反歩ほどの面積があります。事務所に中間土場が隣接していることで、現場からトラックに材を積んで帰社し、材を集積することもできます。もう1カ所は旧吉和村の東端にある１５０haほどの団地内に設置された中間土場です。ここは団地内からの材が集められ椪積み、出荷され

写真１　安田林業事務所前の中間土場。二つのスペースを仕切るようにコンクリートブロックが設置されている。丸太に土を付けないために、必ず枕木を敷きその上に丸太を置くことが鉄則

ています。

二つの中間土場は、ともにトレーラーへの積み込みが可能で、材の積み降ろしのためのフォークリフトが稼働できるように路面を固めています。メインの中間土場にはアスファルト舗装を、もう一つの中間土場にはアスファルト再生材を敷き詰めています。

大小10カ所の椪積みスペースで材を管理

メインの中間土場には、大小10カ所の椪積みスペースを設けています（図３）。中央に積んだコンクリートブロックの両

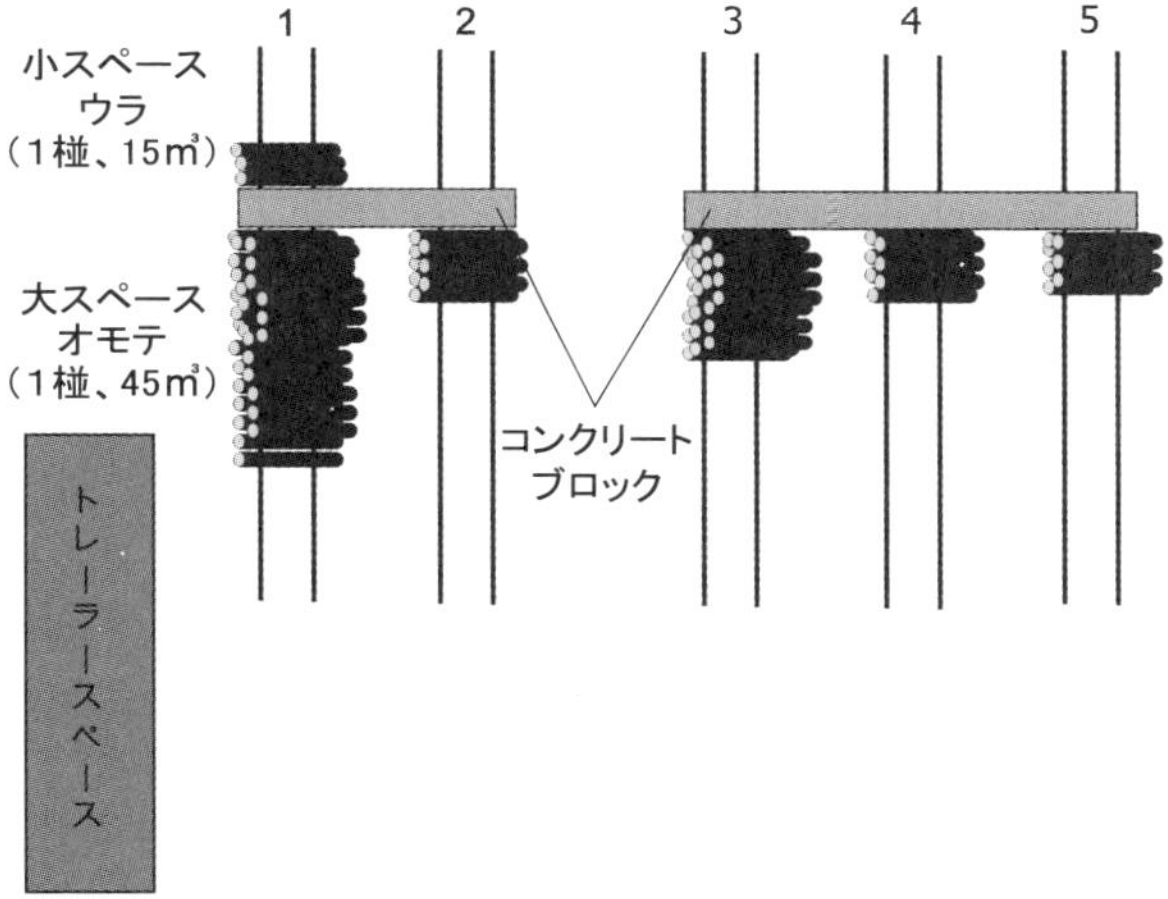

図３　安田林業のメインの中間土場の椪の配置イメージ

側に枕木を敷き、材が地面に触れて樹皮に石などがかまないようにして、椪積みします。大小の椪積みスペースの仕切りとしているコンクリートブロックは、生コン会社の残コンブコック（立方体で1個1・5ｔほど。単価２０００円程度）を購入しています。

椪積みスペースは大小5カ所ずつ配置され、大スペースで45㎥程度、小スペースで15㎥程度を椪積みできます。大スペースが主に25ｔトレーラーでの出荷に使われ、おおよそトレーラー1・5台分の容量です。小スペースは工務店などのお客様が4ｔ車2連（連結）で受け取りに来たときに対応できる容量としています。

小スペース ウラ （1椪、15㎥）	Cラミナ	D社	D社	E工務店	F工務店
	1	2	3	4	5
大スペース オモテ （1椪、45㎥）	A製材	A製材	B合板	B合板	Cラミナ

図4　事務所のホワイトボードのイメージ図。椪ごとの出荷先を記入し、誰が見てもわかるように工夫されている

古い材が残らないように2列の椪をつくる

椪の配置は、施業する山によって決めていきます。製材用の材が多く出るところ、合板用の材が多く出る山などと、山ごとに椪積みの配置を考えます。例えば、大スペース（45㎥）の椪に、A製材2椪、B合板2椪、Cラミナ1椪、小スペース（15㎥）にCラミナ1椪を作るというように、同じ出荷先に対して2椪作っておきます。そのうちの1椪から材を出荷して椪を空にして、次にもう一方の椪から出荷していくようにすることで、先に搬出されて積んだ材（古い材）がいつまでも椪の底に残ることがありません。

事務所の壁には、椪ごとの出荷先を記入するホワイトボード（図4）が掛けられており、誰が見てもわか

るように工夫されています。

椪積みスペースには、1～5の番号を振り、大スペースの椪をオモテ、小スペースの椪をウラという符号で、「5オモテと1ウラは、ラミナ用」などと、社員間では呼ぶそうです。

商品としての木材を届けるための施設

中間土場からの出荷では、安田林業の社員がお客様のトラックやトレーラーに材を積み込みます。その際、伝票番号と出荷日を黒板に記載し、積み込みの荷姿と併せて写真で記録しています。安田林業では、森林認証（ＳＧＥＣ）を取得しており、写真記録はいつどのような材を出荷したという商品のトレーサビリティの一環です。

安田林業が直販を始めたきっかけは、２００４年の台風被害の発生でした。中国地方では木材市場に大量の材が持ち込まれ、木材価格が大暴落し、スギ平均単価が立米1万円を切りました。それまで安田社長は、木材市場にのみ出荷していましたが、「市場に搬出して『後は売ってくれるのを待つだけ』の姿勢から、積極的に工務店や木材加工工場に売り込みに出向くことも必要」と営業に回りました。その結果、それまでの市場出荷から、直販に切り替えることに

写真２　注文材の出荷

写真３　25ｔトレーラーによる出荷。いずれの出荷も伝票番号と出荷日を黒板に記載し、積み込みの荷姿と合わせて写真で記録する

なりました。

そのとき営業先で安田社長が実感したのが、「生産する丸太は商品」であるという事実です。ただ単に長さが足りればいいというものではなく、同じ寸法でも木口がきれいで泥が付いていないことで製材所では刃を傷めることもなく楽に製材することができます。

安田林業の会社理念「林業にサービス業である」に則り、お客様に喜んでいただけるような材を商品として正確に届けていくために欠かせない施設が、このコンパクトな中間土場なのです。

生産現場直近の山元土場で仕分け　需要家に直販

株式会社　泉林業／熊本県〈まとめ・編集部〉

納材先の規格ごとに山元土場で仕分け

株式会社泉林業（泉忠義社長）の年間伐出量は1万5000～1万8000㎥。そのほとんどを直販し、市場出荷は5％ほどです。直販先は入れ替わりはあるものの、主に5～6社です。特にスギの35％は住宅メーカーへの納材です。住宅メーカーからは、10種類以上の材の規格別に数量が指定された発注材表が届きます。泉林業では、それぞれの需要家に伐採現場直近に設けられた山元土場から材を直送しています。

施業現場によっては、納材先が住宅メーカーを加えた数社になるため、材の規格はさらに増

表１　納材先（価格）別の採材計画表（2013年９月～2014年５月）

住宅メーカーA社						
長(m)	径級(cm)	数量	目安本数	納材先(製材業者)	優先山林	一般価格
3	14-16	1,500m³	4,500本	B社	11,000円	10,500円
	18-22		10,000本	C社	12,500円	12,000円
	24-26	250m³	1,350本		13,500円	13,000円
	28-32	250m³	930本		13,500円	13,000円
4	14-16	200m³	1,100本	B社	11,500円	11,000円
	18	200m³	770本	C社	13,000円	12,500円
	20-22		1,150本		13,500円	13,000円
	28-32	500m³	1,400本	C社	15,000円	14,500円
5	34上	12,500m³	1,000本	C社	17,500円	17,000円
6	22-26	100m³	270本	C社	17,500円	17,000円
50年生以上・葉枯らし材・通直材・黒芯80％価						

製材工場、合板工場等（住宅メーカー以外）				
長(m)	径級(cm)	納材先(製材業者)	単価	備考
3	14-16	D社 元最大35	⑭11,500円	黒芯・小曲　8,500円
			⑯12,700円	黒芯・小曲　10,000円
	18-22		13,000円	黒芯・小曲　9,500円
	24-26		12,500円	黒芯・小曲　10,500円
	28-32	F社	12,000円	大節×矢高３cm
	34-		12,000円	赤芯・元口最大48
4	14-16	D社 元最大35	10,500円	黒芯・小曲　8,500円
	18		12,700円	黒芯・小曲　10,500円
	20-22		12,700円	黒芯・小曲　10,500円
	24-26		13,000円	黒芯・小曲　11,000円
	28-32	F社	12,000円	大節×矢高３cm
	34-		12,000円	赤芯・元口最大48
	14-	E社	9,500円	曲がり材　14は直
6	16	G社	15,000円	
	18-24		17,000円	
7	16	G社	16,000円	
	18-24		18,000円	
2	20	H社	6,000円	
3	-9	I社	5,200円	
	10-	J社	6,000円	
				検知　２台積立て

泉林業が取り扱う（住宅メーカー以外も含めた）、主な採材とその納材先の一覧。表の左側は、住宅メーカーA社からの注文に応じた採材表で、A社と契約している製材業者（B社やC社）に泉林業が搬入している。表の右側はA社以外の主な直販先（製材工場、合板工場）の一覧。

え、山元土場で20種類以上に仕分けられることも珍しくありません。しかしながら、どの現場にも材を仕分けできる広いスペースやストックヤードがあるわけではありません。そのような場所での材の仕分けの工夫を紹介します。

斜面の立木を利用してつくる山元土場

山元土場を設けるための平らな広い場所がない場合には、道の脇の斜面を利用して土場をつくります。急斜面であっても立木に棚掛けして、材を仕分けるスペースをつくることができます。立木を支柱にして丸太を渡し、添え木や控えを強固にして棚にします。立木や杭木を仕切りにしてスペースに区切り、ここに材を仕分けています。

泉林業では、現場に合わせてさまざまなタイプの山元土場を設けています（写真1〜6）。時には道下の立木で棚をつくった細長い山元土場が約50ｍ幅にわたってつくられ、約20種類の椪を巻立てることもあります（写真1、2）。このような現場では、材の仕分けにロングリーチグラップルが使われます。リーチ（腕）がベースマシンの中央から12ｍ先まで届き、この長さを生かして細長い土場でもあまり移動せずに材を仕分けることができます。

細長い山元土場

写真１　林道沿いの道下につくられた細長い山元土場。ロングリーチグラップルを中心として、約50m幅に約20種類の椪が巻立てられている

写真２　仕分けられた丸太のトラックへの積み込み。２台のトラックそれぞれにグラップルで材が積み込まれる

コンパクトな山元土場

写真3　林道下の斜面を利用してつくられた土場。道下の1列の立木に棚掛けしたコンパクトな土場

写真4　道下の立木に横木を渡して、土場スペースを確保。アイデア次第で斜面も活用できる

棚掛けの方法

写真５　林道下の斜面を利用してつくられた土場。急斜面であっても立木があれば、棚掛けして控えを強固にすることで平地と変わらぬ利用ができる

写真６　写真上を林道から見たところ。ガードレール越しに丸太が巻立てられている。手前の椪から順に、Ａ材３ｍ、Ａ材４ｍ、Ｂ材４ｍが木口面を揃えて積まれている

造材時に仕分けて運材

泉林業では、架線系25%、車両系75%で材を生産します。車両系の現場での土場までの運材例（139頁写真1、2「細長い山元土場」）をみてみましょう。現場に開設された作業道上に全木材を集め、プロセッサで造材し、そこから山元土場まではフォワーダで運材します。

プロセッサのオペレーターは、長さ、径級、優先度、客先希望（曲材元口65cm以下、通直材、直材二番玉）などが細かく記入された注文材表を元に造材します。規格の種類は多様ですが、基本パターンは6、4、3mの直材採りで、そこに住宅メーカーからの特別な規格が加わります。

オペレーターは、まず6mの柱材が採れるかどうかを考えて、それがだめなときは径級を見ながら4m、3mの直材採りを考えます。径級や曲がりによって材長が決まることもあります。例えば泉林業では元口50cm以上65cmまでは合板会社に納品されます。この場合は大節が無いことを確認した上で4mに造材します。

造材した材は、プロセッサの両脇に長級別や用途別（用材、合板など）に分けていったん置かれます。造材した材をその場で仕分けしておけば、山元土場での仕分けの作業が楽になります。

造材時に悩むのが大径材の取り扱いです。主要な納材先が取り扱うのは、ほとんどが元口径65cmまでです。それ以上の太さの材に、需要がある時期とない時期があり、造材現場でそのような材が出る都度、事務所と連絡を取り合って、納材先を確保しております。在庫量に応じた販売先の確保も大切です。また、販売先の需要に応じて、伐出順を選定することもあります。

山元土場での仕分け

山元土場までの運材は、仕分けしてある材ごとにフォワーダに積んで運びます。フォワーダにはバランス良く積み込むのがコツです。元口を全部前に（運転席側）にしてフォワーダに積みこみます。

材を積んだフォワーダが山元土場に到着したら、山元土場の仕分け担当がグラップルで荷台の材をいったん荷降ろし場に降ろします。泉林業では、新人がまず仕分けを担当します。矢高

（曲がり）の感覚も仕分け作業を重ねる中で身に付けます。最初の頃は、迷った材は別にしておいて、最後に先輩に見てもらって目を養っていきます。

材が汚れたり、虫が付いたりしないように、枕木を敷き、その上にグラップルを使って、いったん材を降ろします。

ここで検知をして径級を末口に記入し、認証材には刻印を打っていきます。プロセッサで造材したときに、直材と曲がり材は仕分けてありますが、椪ごとに仕分ける前に、材を回転させてもう一度材の欠点（腐れ、曲がり）の判断をしています。材のほとんどが直販されるため、需要家の信用を最も大事にして作業を進めています。

次に販売先ごとに椪を巻立てていきます。細長い土場では、グラップルから近いところの椪には大きな材を、遠いところの椪には比較的軽い材となるように仕分けていきます。椪に材を積むときは、荷崩れ防止のため、材が水平になるように、末口と元口を交互に積んでいきます。また、材の木口面はきっちりと揃えて椪におきます（写真6）。こうすることで、トラックへの積む時に材を揃え直す必要がなく、積み込みの時間も短縮できます。

山元土場が狭い現場では、一部の材は山の中で仕分けと検知まで済ませて、山元土場まで降ろしたら、そのままトラックに積み替えられるように準備する場合もあります。

山元土場からの出荷の際には、仕分け担当者がグラップルでトラックに荷を積み込みます。木口に書かれた径級を確認しながら、発送伝票に1本1本記帳していきます。この間トラックの運転手は荷揃えをしています。

年間生産計画をもとに需要家に納材

各需要家への納材の調整はどのようにしているのでしょうか。

住宅メーカーへの納材は注文に沿って生産しています。それ以外の需要家には、それぞれの年間の生産計画を立てた上で、施業に入る前に、「今度の山からは、これくらいの材を出させてもらいます」と目処を伝えます。納材先からは工場の動き具合によっては「しばらく納材を待ってくれ」と言われることもあり、逆に泉林業の側でも計画通りに材が出せないこともあります。顧客の製材所などは、各社とも1カ月分くらいのストックがあり、多少は計画が前後しても対応してもらえるということです。

泉林業にはトラックで納材する担当者がいます。事務所では、納材から帰ってきたトラックの担当者に相手先の土場の状態を聞いて、次の搬入のタイミングに気を配ります。また、顧客と直接対面するトラック運転手は、「会社の顔」として、納材先での挨拶を徹底させています。細やかな気配りが泉イズムの真骨頂です。

山元から「システム販売」で製材工場へ直送

岐阜県森林組合連合会　岐阜木材ネットワークセンター

赤字続きの共販事業を立て直すために

岐阜県森林組合連合会（以下、岐阜県森連）では、2002・2003（平成14・15）年度の2年間にわたって、ここ十数年間赤字続きの共販事業をどう立て直すのかの検討を行いました。その結果、人員を増やさないで取扱量を増やすことが一番の近道であるとの結論に達し、取扱量倍増を目指すこととしました。

当時は、伐り捨て間伐から利用間伐にシフトし、戦後造林された人工林が伐期に達し、並材が大量に生産できる状況になってきており、この大量の並材をどう売っていくかが大きな課題となっていました。並材は材価が安いために、生産・流通の段階でいかにコストを下げるかも課題であり、当時の原木市場のシステム（仕組み）では販売量を増やすことも、コストを下げることも困難な状況にありました。

こうした状況を解決するため、2004（平成16）年度は、岐阜県森連が決めた価格（定価）で山元から製材工場へ直送するための仕組み作りを検討し、2005（平成17）年度より、試行的に山元から定価で製材工場へ直送する「システム販売」（編集部注：国有林材の「システム販売」とは関係ありません）に取り組むこととし、岐阜木材ネットワークセンターを立ち上げました。

こうした中、2004（平成16）年夏頃、北陸の合板工場が原材料を北洋材から国産材にシフトしたいという話があり、石川県を中心とした中部5県の森林組合連合会で材を供給することとなりました。2005（平成17）年8月末、国の2006（平成18）年度林野関係予算の概算要求には「新生産システム」が発表され、この地域では「岐阜広域」と「中日本圏域」二つのモデル地域が名乗りを上げました。こうしたことによって、2006（平成18）年度から本格的にシステム販売に取り組むことになりました。

2005（平成17）年度に7万3000㎥であった取扱量は、2010（平成22）年度には

写真1　岐阜県森林組合連合会の中間土場。中間土場を活用して「システム販売」することが共販事業の立て直しの決め手となった

共販とシステム販売が逆転し、念願の倍増が実現しました。また、2011（平成23）年4月から森の合板協同組合（中津川市加子母）が本格稼働に入り、2013（平成25）年度は、取扱量が20万2000㎥まで増加し、システム販売の比率が73％になりました。その間、2009（平成21）年度には共販事業の黒字化が実現しています。

需要先の確保が必須条件

システム販売による「直送」をするためには、まず、需要先を確保することが必須の条件です。その需要先も一つではなく、A材からD材まで、それぞれに複数の需要先を確保する必要があります。次に、需要先の必要とする規格の材と数量を確保することが重要な要件です。

そうした材を需要先に直送するには、山元土場からの直送が最善ですが、現状では10ｔトラック（大型車）やトレーラー（牽引）が山元土場まで進入することが困難である場合が多く、中間土場を設置して４ｔ車、６ｔ車でそこまで搬出することが必要となっています。特に、当初の段階では、山元土場の整備ができず中間土場が直送の起点になりました。

中間土場の設置条件

中間土場（図１）の立ち上げは、場所の選定から始まります。当初は中間土場の概念が十分にかたまっていなかったことから、昔、原木を一時保管したアプローチが非常に複雑な場所が中間土場となったこともありました。また、幹線道路の近くでは材の盗難の恐れがあり管理に気を遣いました。また、中間土場は裸地であることが多く泥が付いたり、敷砂利が原木にかんだりすることに注意する必要があり、夏の間使わないスキー場の駐車場などを使用しました。

中間土場は、できるだけ山元に近いところで原木を集積し、需要者別に仕分け、検知（検尺）をして10ｔトラックやトレーラーに積み込む場所となります。広さは１０００〜２０００㎡以

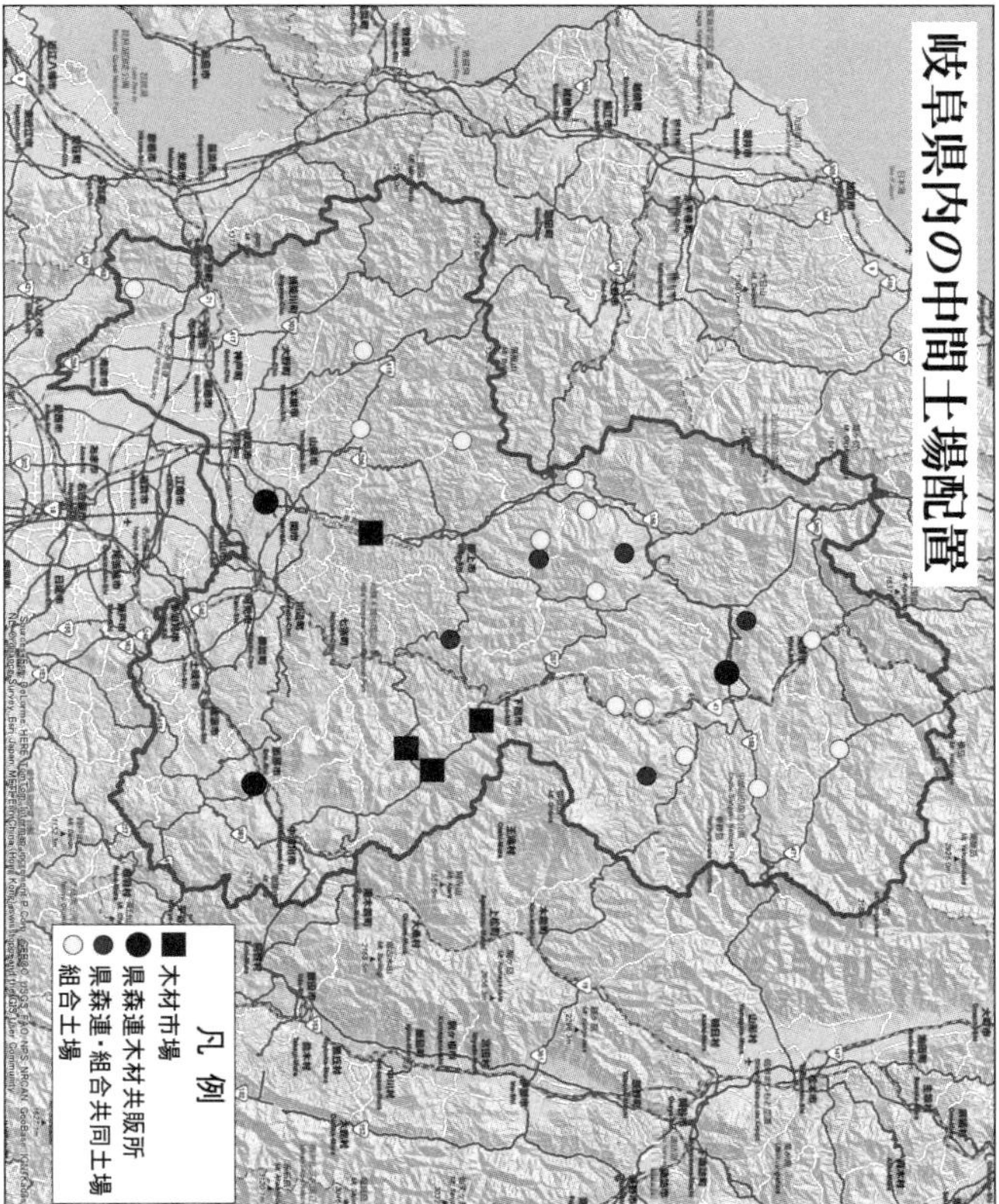

図1　岐阜県内の中間土間配置

上が理想です。

中間土場の設置においては、10tトラックは15㎥を、30tトレーラーは30㎥を積載することから、そこへ到達する道路においては、それに耐えうる橋が設置されているか否かを事前に確認する必要があります（写真2、3）。

中間土場までは、公道を通行する場合が多く、フォワーダの通行ができないことから、4t車、6t車にヒアブ（グラップル）付きのトラックが必要となります。このトラックは山元から中間土場までの運搬のほか、中間土場での原木の仕分け作業、大型車への積込み作業、山元から直接C、D材の積み込み・運搬など多様な用途に活用できることから、排出ガス規制等の課題があるものは早急に開発しなければならないと考えています。

0・45クラスのグラップルで仕分け

中間土場では、0・45クラスの土木用のベースマシーンにグラップルを装着して仕分け、積込み作業をしています（写真4）。

機械も当初は試行錯誤でした。県森連の共販所で使っている11mのアームのグラップル（ホ

写真2　中間土場で30ｔトレーラーに材を積載し需要先まで運搬

写真3　山元から中間土場までの運搬はグラップル付きのトラックが活躍

写真４　0.45クラスの土木用のベースマシーンにグラップルを装着して仕分け

イールローダー）では解体して輸送する必要があることから、コストと時間がかかり、またレンタル機械（土木用）のグラップルでは使い慣れていないことから効率が低下し、レンタル料に見合わないなど、大変な苦労をしました。

県内の需要先で中間土場までの距離が近い場合は、10tトラックで対応でき、中間土場の設置条件が緩和されてきます。

森林評価測定士が管理・運営

中間土場の管理と運営は、岐阜県森連が行う場合と森林組合等生産者で行う場合があります。森林組合等で行う場合は、県森連が実施する「森林評価測定士」の研修を受講し、その認定を受けた者が仕分け、検知を行っています。中間土場での仕分けでは、森林評価測定士の認定を受けたとしても、当初段階では適切な仕分けや検知ができないことから県森連の職員が1カ月近くマンツーマンで指導する必要があります。

また、森林組合等が中間土場を管理している場合には、作業の遅延や原木生産量が増加して人手が足りなくなる場合があります。そうした場合は、県森連から技術支援を兼ねて作業に対する支援を実施します。こうした一つの土場で作業を協働することが、作業員の技術と作業能率の向上につながっています。

中間土場と原木市場、需要先との関係

原木市場にとって中間土場は、原木市場の土場が山元に近づいたものと考えています。

山元で生産される原木は並材が中心で、高級材や特殊材がないことを前提に運営しており、高級材等の原木が含まれる場合は、有利販売ができる原木市場へ搬送し、市売りにより販売しています。

需要先にとって中間土場は、自分たちが必要とする規格の原木が仕分けされ一時保管される

場所であって、需要者側の必要とする原木情報が生産者側に伝達される場所となっています。
中間土場を使った原木の流れをまとめるとフロー図2となります。

大型化と通年稼働が必要

中間土場ではストック機能が求められています。これは、製材工場等の需要先の原木のストック能力が大きくないことが多く、中間土場での備蓄が求められているからです。原木の需要は常に変化し、需要が減退するときは在庫をする場として、また梅雨時や積雪時の生産が減退するときに備えて備蓄の場として活用しています。

このため、中間土場の大型化と通年稼働が必要で、積雪地域では除雪ができることが重要となり、除雪後のトラックへの積込み作業が容易にでき、積載量に見合った需要先別原木の出荷管理が必要となっています。

また、需要先が特定できない場合、汎用性のある造材をしておいて備蓄しておく必要があり、このような地域では、どこの需要先でも販売できるよう、直・小曲がり・曲がり別の4m造材を推奨しています。

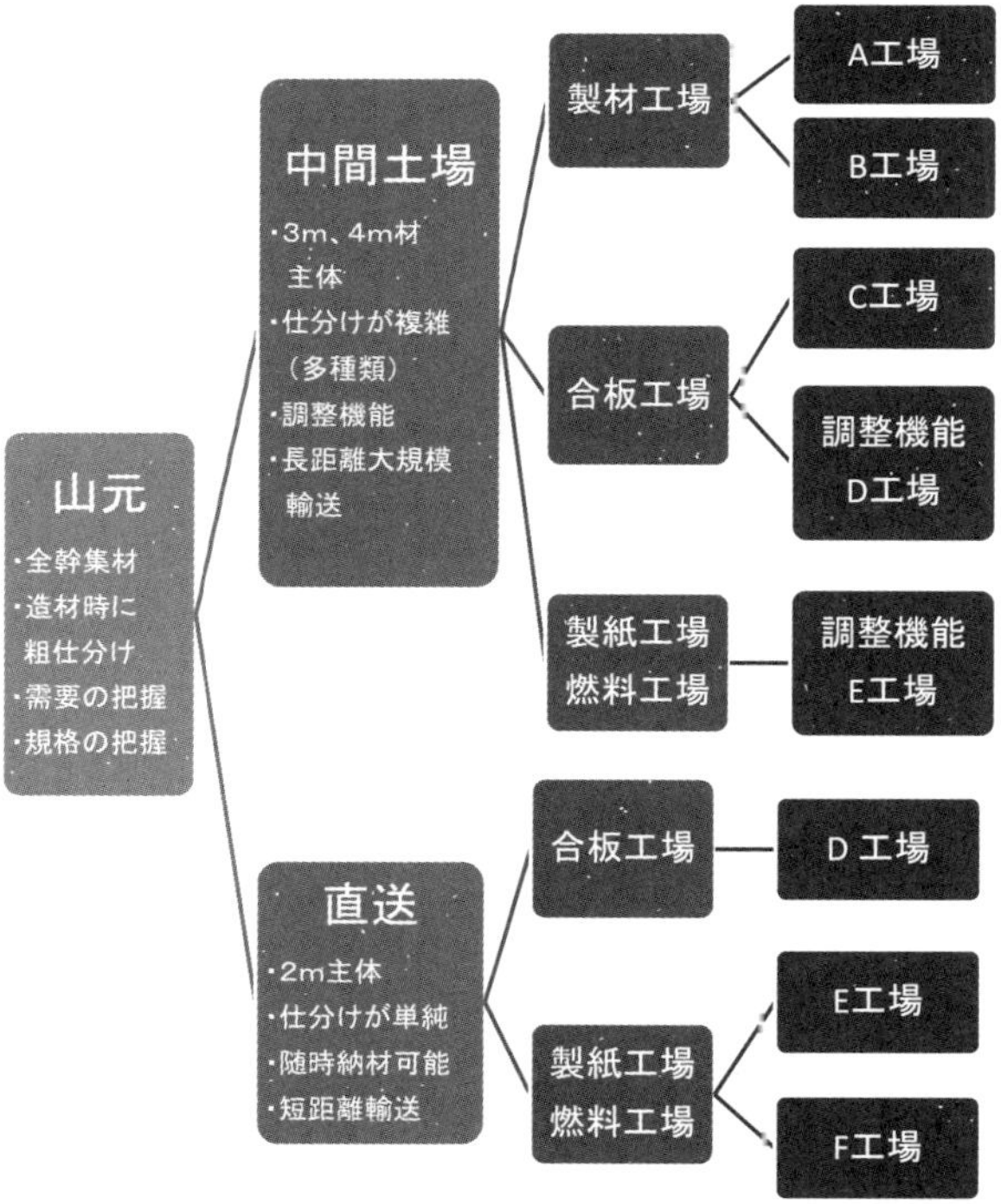

図２　中間土場を使った原木の流れ

コスト縮減分を山側へ還元

中間土場の最大のメリットは、原木の輸送費、手数料等の付加価値の付かないコストが大幅に縮減され、山側への還元額が多くなったことです。もう一つのメリットは、システム販売が定着したことで並材以下が定価販売できるようになったことから、森林組合等が森林所有者に提案する施業プラン（事業見積）がしやすくなったことです。

また、需要者側の必要とする規格の材に合わせて造材時に粗仕分けすることができるようになり、そのことで中間土場での仕分け作業が容易になるなどトータル的なコストダウンにつながりました。

さらに、中間土場が増え、生産情報を把握できるようになると、気象災害等で一部の中間土場が一時的に閉鎖状況になっても、他の中間土場へトラックを配車するなど、原木出荷の切り回しができるようになりました。

需要者に対する安定供給に寄与するとともに、森林組合等の原木生産量と岐阜県森連の取扱量も年々増大しています。

造材時の仕分けで効率アップ

中間土場の管理運営では、伐採、造材を一体として行い、造材時から仕分けを考えることが重要であり、それによって効率が格段に良くなります。また、仕分けをする作業員が中間土場専任で行う場合は、仕分けや検知技術を早く習得できることから効率も良くなります。ただし、中間土場を安定的に維持管理していくためには、作業責任者を2人体制にして病気等で作業員が欠勤しても作業が止まらないよう対策を講じておく必要があります。

中間土場で作業員が専任で仕分けする場合、1人、1台のグラップルを使用して月に最低500㎥以上の仕分け、検知、積込み作業を処理しなければならないことから、森林組合等の生産量の確保が重要となってきます。

一方で注意する点として、造材と仕分けを一体として行う場合、作業員にとって仕分け等作業増加分が賃金に反映しないと不平・不満が出てきます。また、仕分けが面倒だとか、運転手の仕事を確保するという理由でわざわざ原木市場まで運んでいては、コスト縮減にはつながらない場合があります。

本書の著者

■解説編

遠藤 日雄
鹿児島大学森林政策学研究室教授

酒井 秀夫
東京大学大学院森林利用学研究室教授

長谷川 尚史
京都大学フィールド科学教育研究センター
森林生態系部門森林育成学分野准教授

兵庫県立農林水産技術総合センター
森林林業技術センター木材利用部

■事例編

速水 亨
速水林業代表

田中 忠
北信州森林組合総務課長

小林 耕二郎
日吉町森林組合事業課長

有限会社 安田林業

株式会社 泉林業

岐阜県森林組合連合会
岐阜木材ネットワークセンター

林業改良普及双書 No.180

中間土場の役割と機能

2015年2月20日　初版発行

著　者 ── 遠藤日雄／酒井秀夫／長谷川尚史／
兵庫県立農林水産技術総合センター森林
林業技術センター／速水 亨／田中 忠／
小林耕二郎／岐阜県森林組合連合会岐阜
木材ネットワークセンター

発行者 ── 渡辺政一

発行所 ── 全国林業改良普及協会
〒107-0052 東京都港区赤坂1-9-13 三会堂ビル
電 話　03-3583-8461
FAX　03-3583-8465
注文FAX　03-3584-9126
H P　http://www. ringyou. or. jp/

装　幀 ── 野沢清子（株式会社エス・アンド・ピー）

印刷・製本 ── （株）丸井工文社

2015 Printed in Japan
ISBN978-4-88138-321-6

林業改良普及双書　既刊

180
中間土場の役割と機能
遠藤日雄、酒井秀夫ほか　著
造材・仕分け、ストック、配給、在庫調整、管理組織整備による価格交渉、与信、情報共有の機能を各地の事例から紹介。

179
スギ大径材利用の課題と新たな技術開発
遠藤日雄ほか　著
大径材活用の方策と市場のゆくえを整理し、「積層接着合わせ梁材」等、各地で進む新たな木材加工技術開発を探る。

178
コンテナ苗　その特長と造林方法
山田　健ほか　著
期待されるコンテナ苗。その特長から育苗方法、造林方法、省力・低コスト造林の手法まで理解する最新情報をまとめた。

177
協議会・センター方式による所有者取りまとめ
―森林経営計画作成に向けて
全林協　編
協議会・センターなどの地域ぐるみの連携組織で、取りまとめや集約化、森林経営計画作成等を行う効率的実践手法。

176
竹林整備と竹材・タケノコ利用のすすめ方
全林協　編
放置竹林をタケノコ産地、竹材・竹炭・竹パウダー、整備を行い市民のフィールドとして活用する等の事例を紹介。

175
事例に見る　公共建築木造化の事業戦略
全林協　編
予算確保、設計・施工工夫、耐火、設計条件規制のクリアなど、公共建築物の木造化・木質化に見る課題と実践ノウハウ。

174
林家と地域が主役の「森林経営計画」
後藤國利　藤野正也　共著
森林経営計画制度と間伐補助について、どのように活用するか、実践者の視点でまとめた。

173
将来木施業と径級管理―その方法と効果
藤森隆郎　編著
従来の密度管理の考えではなく目標径級を決めて行う「将来木施業」とは何かを、事例を紹介しながら解説。

172
低コスト造林・育林技術最前線
全林協　編
伐採跡地の更新をどうするか。人工造林による持続する森づくりのための低コスト技術による実証研究を概観。

※定価／本体1,100円＋税

171 **バイオマス材収入から始める副業的自伐林業** 中嶋健造 編著

地域ぐるみで実践する「副業的自伐林業」。収益実現が可能な仕組みと地域興しへの繋がりを紹介。

170 **林業Q&A その疑問にズバリ答えます** 全林協 編

林業関係者ならではの疑問・悩みに、全国のエキスパートが聞き役となり実践的にアドバイス。

169 **「森林・林業再生プラン」で林業はこう変わる!** 全林協 編

再生プランを地域経営、事業体経営にどう生かすか。経営戦略、施業、木の営業・販売の実践例。

168 **獣害対策最前線** 全林協 編

シカ、イノシシ、サル、クマなどの獣害に悩み、解決に向けて懸命の活動をつづける現地からの最前線レポート。

167 **木質エネルギービジネスの展望** 熊崎 実 著

海外の事情も紹介しながら木質エネルギービジネスについて展望したもので、新しい技術も解説している。

166 **普及パワーの施業集約化** 林業普及指導員+全林協 編著

団地化、施業集約化に向けての林業再生戦略を普及活動の主導により進める手法について、実践例を基に紹介。

165 **変わる住宅建築と国産材流通** 赤堀楠雄 著

住宅建築をめぐる状況や木材の加工・流通などがどう変わってきたのかを、現場の取材を踏まえて明らかにする。

164 **森林吸収源、カーボン・オフセットへの取り組み** 小林紀之 編著

地球温暖化対策の流れとともに、拡がる森林吸収源の活用、カーボン・オフセットなどへの取り組みを紹介。

163 **間伐と目標林型を考える** 藤森隆郎 著

管理目標を「目標林型」として具体的に設定するための考え方、そこへ向かう過程としてのよりよい間伐を解説。